»Das Original«

BMW BOXER

Ian Falloon

1950–1996

Alle Zweizylinder im Detail

Impressum

HEEL Verlag GmbH
Gut Pottscheidt
53639 Königswinter
Telefon 0 22 23 / 92 30-0
Telefax 0 22 23 / 92 30 13
Mail: info@heel-verlag.de
Internet: www.heel-verlag.de

Der Originaltitel „Original BMW Air-cooled Cooled Boxer Twins 1950 to 1996“ ist erschienen bei:
Quarto Publishing Group USA, Inc.
401 Second Avenue North, Suite 310
Minneapolis, MN 55401
USA

Deutsche Übersetzung: Manfred Kolb
Lektorat: Thomas Albrecht
Layout der deutschen Ausgabe: F5 Mediengestaltung, Bonn
Cover der deutschen Ausgabe: gb-s Mediendesign, Königswinter
Abbildungen auf dem Umschlag: © BMW AG

Printed in Slovakia

ISBN 978-3-95843-591-9

Inhalt

Kapitel 1

Boxermodelle der Nachkriegszeit bis 1969

Die R 69 S stellt für viele den krönenden Abschluss der ersten Epoche der BMW Boxer dar. Hier handelt es sich um ein restauriertes Exemplar aus dem Jahr 1962.

Anfang 1923 hatte BMW-Chefkonstrukteur Max Friz eine geniale Idee: Er baute den Zweizylinderboxermotor vom Typ M2 B15 nicht wie bisher üblich mit der Kurbelwelle quer, sondern längs zur Fahrtrichtung ein, flanschte das Getriebe direkt an den Motor und übertrug die Antriebskraft über einen Wellenantrieb ans Hinterrad – fertig war die R 32, das erste BMW Motorrad. Mit den im kühlenden Fahrtwind liegenden Zylindern und dem wartungsarmen Hinterradantrieb hatte dieses Prinzip für das nächste Jahrhundert Bestand. Der Boxermotor, in der Firmengeschichte von BMW immer wieder von der Produktionseinstellung bedroht, hat bis heute überlebt und ist aus der Produktpalette nicht wegzudenken.

Auch die Zweizylinder der Vorkriegsjahre und die unmittelbaren Nachkriegsmodelle haben ihre treuen Liebhaber, aber die Boxermotorräder ab 1955 und die später produzierten /5-Modelle und ihre Nachfolger sind viel häufiger und dazu gefragter. Die bis 1969 gebauten Vollschwingen-Modelle gelten als Krönung der frühen klassischen Epoche, die folgenden jüngeren Baureihen bis 1996 als Neuinterpretationen des ursprünglichen Konstruktionsprinzips.

Mit den /5-Modellen wurden die immer noch relativ teuren Motorräder von BMW innovativer und sprachen ein breiteres Publikum an, ohne die Tradition der ersten Epoche zu leugnen, die mit der R32 begonnen hatte und mit der /2 endete.

Nach dem Zweiten Weltkrieg durfte BMW erst ab 1948 wieder Motorräder bauen, zunächst erlaubten die Alliierten nur die Produktion der R24 mit 250 cm³. Diese Einschränkung wurde im Sommer 1949 aufgehoben.

Die R 24 basierte noch auf der Vorkriegs-R 23, war aber äußerst erfolgreich. Aus Geldknappheit verfolgte man beim ersten Zweizylinder der Nachkriegszeit den gleichen Weg. BMW ließ die R 51 mit ihrem OHV-Motor aus dem Jahr 1938 als R 51/2 wieder auferstehen, eine Konstruktion, die sogar auf die R 5 aus dem Jahr 1936 zurückging. Dennoch wurde die R 51/2 nach ihrer Präsentation im Jahr 1950 in kurzer Zeit zu einem sehr beliebten Motorrad.

Dieses Kapitel gibt einen Überblick über die Boxermodelle der Nachkriegszeit bis 1969. Die geringer verbreiteten Versionen der Jahre 1950 bis 1954

Für das erste Nachkriegs-Boxermodell, die R 51/2 mit 500 cm³, griff BMW auf eine Vorkriegskonstruktion zurück. Bis auf die nicht serienmäßige Seitenstütze des hier abgebildeten Motorrads ist das Fahrzeug sehr original restauriert. Ein Merkmal der R 51/2 war der weit heruntergezogene Kotflügel am Vorderrad.

werden kurz beschrieben, der Schwerpunkt liegt auf den Modellen von 1955 bis 1969.

R 51/2

Bis auf die zweiteiligen Ventildeckel (von der Wehrmachtsmaschine R 75) und die leicht geneigten Bing-Vergasern (mit 22-mm-Durchlass wie beim Vorgängermodell) entsprach die R 51/2 optisch der Vorkriegsmaschine R 51.

Die R 51/2 erhielt neue Zylinderköpfe mit Schrauben- statt Haarnadel-Ventilfedern, aber der Ventiltrieb blieb bei zwei Nockenwellen, die über eine lange Steuerkette angetrieben wurden – zusammen mit der Lichtmaschine, welche mit einem auffällig verrippten Klemmstück fixiert, oben auf dem Motor thronte. Auch die 6 Volt-Batteriespulenzündung war bewährt. Nachkriegsentwicklungen waren ein Ruckdämpfer auf der Getriebehauptwelle und ein überarbeitetes Schmiersystem, das die Nockenwellenlager mit Drucköl versorgte. Die Verdichtung von 6,4:1 war niedriger als bei der Vorkriegs-R 51, aber der 500-cm³-Motor (68 mm x 68 mm) leistete über eine etwas höhere Drehzahl von 5800 min^{-1} weiterhin 24 PS. Die verchromte Antriebswelle des Hinterrads rotierte offen auf der rechten Seite. Der Federbewegung des Hinterrads konnte die Antriebswelle dank einer getriebeseitigen so genannten Hardy-Scheibe (eine gewebeverstärkte Hartgummischeibe) und eines hinterradseitigen Kardangelenks folgen.

Die Ventildeckel der R 51/2 waren wie bei der Wehrmachtsmaschine R 75 zweiteilig ausgeführt. Ansonsten entsprach der Motor im Wesentlichen dem R 5-Motor von 1936.

Der Endantrieb war serienmäßig mit 3,89 (9/35) übersetzt; eine Übersetzung, die später auch die Solomaschinen der Baureihen R 51/3 und R 68 erhielten. Für den Beiwagenbetrieb wurde die Übersetzung 4,57 (7/32) angeboten.

Das Fahrwerk stammte aus der Vorkriegszeit, der Rahmen behielt die 1941 zugefügten zwei Verstärkungsrohre der letzten Version der R 51. Die Teleskopgabel dämpfte nun beim Ein- und Ausfedern; unverändert blieb die Geradwegfederung des Hinterrads. Erkennungsmerkmale der R 51/2 waren auch der weit heruntergezogene Vorderradkotflügel sowie Kupplungs- und Vorderradbremshebel mit Hebelenden nach außen statt nach innen. 19-Zoll-Räder vorn und hinten gewährleisteten eine

Die 1951 erschienene R 51/3 hatte einen völlig neu konstruierten Motor erhalten. Er sollte mit nur geringen Änderungen bis 1969 im Programm bleiben.

gute Fahrstabilität. Allerdings erlaubten die 185 kg der R 51/2 nur moderate Fahrleistungen. Mit 135 km/h genauso schnell wie die Vorkriegs-R 51, füllte die R 51/2 zu Beginn der 50er Jahre nur eine Lücke. Für das kommende Jahrzehnt war unbedingt eine modernere Konstruktion erforderlich.

R 51/3, R 67, R 67/2 und R 67/3 (1951 – 1956)

Die R 51/3 von 1951 war der R 51/2 optisch recht ähnlich, aber ihr völlig neuer Motor erwies sich als einer der großen Würfe der BMW Motorenentwicklung und diente als Basis für alle BMW Boxermotoren der frühen Epoche bis 1969.

Das Kurbelgehäuse, wieder ein einteiliges Tunnelgehäuse, war schmaler und glattflächiger. Im Innern befand sich über der Kurbelwelle nur noch eine Nockenwelle, von schrägverzahnten Zahnrädern anstelle einer Steuerkette angetrieben. Die Kurbelwelle war wieder mehrteilig aufgebaut. Zwei Kugellager am vorderen Ende und ein Kugellager am hinteren Ende dienten als Hauptlager, die Pleuel liefen auf Rollenlagern. Statt der Batteriezündung saß unter dem vorderen Motordeckel („Schutzhaube" im BMW-Jargon) ein Magnetzünder von Noris, der von der Nockenwelle angetrieben wurde und den Unterbrecherkontakt samt Frühverstelleinrichtung beinhaltete.

Unterhalb des Magnetzünders war die Lichtmaschine angebracht, ebenfalls von Noris. Ihr Rotor saß direkt auf dem vorderen Kurbelwellenstumpf. Die zahnradgetriebene Ölpumpe befand sich nicht mehr in der Ölwanne, sondern weiter oben unter der Kurbelwelle.

Der neue Motor war an den einteiligen Ventildeckeln mit den sechs charakteristischen Verstärkungsrippen leicht zu erkennen, die bis 1969 die Tourenvarianten der 500er und 600er Modelle kennzeichnen sollten. In den neuen Zylinderköpfen standen jeweils ein Einlassventil mit 34 mm und ein Auslassventil mit 32 mm im Winkel von 80° zueinander. Für eine optimale Abdichtung der Kolben sorgten jeweils vier Kolbenringe. Ein neues Luftfiltergehäuse mit Papiereinsatz über dem neuen Getriebegehäuse vervollständigte das harmonische Erscheinungsbild des Motors.

Auch der neue Motor der R 51/3 leistete unverändert 24 PS, vermutlich aufgrund der niedrigen Verdichtung von 6,3:1. Das Viergang-Getriebe mit einem zusätzlichen Handschalthebel war im Prinzip identisch, wie auch das Fahrwerk, bis auf die verstärkte vordere Halbnabenbremse.

Von 14 auf 17 Liter vergrößert wurde der Kraftstofftank, allerdings erhöhte sich das Gewicht auch auf 190 kg.

Der Erfolg der Modelle R 51/2 und R 51/3 ermutigte zum Bau einer 600-cm^3-Version, die als R 67 ebenfalls 1951 erschien und nicht wie das Vorkriegsmodell R 66 als Sportmotorrad mit höherer Leistung konzipiert, sondern in erster Linie für den Beiwagenbetrieb gedacht war. Aus Bohrung und Hub von 72 mm x 73 mm resultierte ein Hubraum von 594 cm^3. Mit 5,6:1 war die Verdichtung noch niedriger als beim Schwestermodell, und die Leistung mit

Alle Tourenmodelle mit Boxermotor der Baujahre 1951 bis 1969 hatten einteilige Ventildeckel mit sechs Verstärkungsrippen.

den beiden 24-mm-Bing-Vergasern war beschaulich: 26 PS bei 5500 min^{-1}. Mit 3,56 (9/32) im Solobetrieb bzw. 4,38 (8/35) mit Seitenwagen war die R 67 allerdings etwas länger übersetzt.

1952 erhielt die R 51/3 eine neue Duplex-Vorderradbremse mit 200 mm Durchmesser und zwei auflaufenden Bremsbacken; Gummifaltenbälge ersetzten an der Teleskopgabel die altmodischen Vorkriegs-Stahlhülsen. Die gleichen Änderungen machten aus der R 67 die R 67/2. Die Verdichtung wurde auf 6,5:1 angehoben, woraus ein moderater Leistungsanstieg auf 28 PS bei 5600 min^{-1} resultierte. Aber die 192 kg schwere R 67/2 war weiterhin alles andere als eine Rennmaschine.

Für 1954, das letzte Produktionsjahr der R 51/3 und R 67/2, erhielten beide eine Vollnabenbremse in Duplexausführung. Die 19-Zoll-Felgen waren jetzt aus Leichtmetall, das Luftfiltergehäuse bekam einen neuen Deckel und die Fischschwanz-Schalldämpfer wurden durch Auspufftöpfe mit konisch-rundem Ende ersetzt. 1955 wurden beide Modelle durch die Baureihen R 50 und R 69 mit „Vollschwingenfahrwerk" abgelöst, bei denen Vorder- und Hinterrad mit Schwingenkonstruktionen aufgehängt waren. Typisch für die Modelle dieser Zeit waren der schwarze Kraftstofftank mit Kniekissen aus Gummi, Schwingsattel von Pagusa und ein Gepäckträger am Heck. BMW arbeitete ständig an Verbesserungen, nicht alle Modifikationen wurden offiziell erwähnt.

Auch nach dem Erscheinen der Vollschwingen-Modelle R 50 und R 69 produzierte BMW eine abgespeckte Version der alten R 67 – die R 67/3, in erster Linie für den Polizeieinsatz bzw. als Behördenmaschine konzipiert, als letztes Modell mit einer Geradwegfederung des Hinterrads von 1955 bis 1956. Ein Hinterreifen der Größe 4.00 - 18 sollte besonders die Erfordernisse des Beiwagenbetriebs erfüllen, aber die R 67/3 blieb eines der am wenigsten nachgefragten Boxermodelle der Nachkriegszeit.

Vor 1955 gehörten eine freilaufende verchromte Antriebswelle und ein zusätzlicher Handschalthebel zu den Merkmalen der Boxermodelle.

R 68

Die Nachfrage nach mehr Leistung zu Beginn der 50er Jahre ließ eines der besten BMW Motorräder aller Zeiten entstehen, die R 68. 1951 brauchte BMW einen sportlichen Boxer, der es mit den neuen Paralleltwins von Triumph und BSA aufnehmen konnte. Eine gezielte Überarbeitung machte aus dem behäbigen R 67-Motor den sportlich ausgelegten R 68-Motor, der die magischen 161 km/h (bzw. 100 Meilen pro Stunde) knacken konnte. Endlich hatte man einen wahren Nachfolger der R 66 von 1938.

Die R 68 war eine hervorragende Sportmaschine und der Grundstein für die lange Tradition der Geländesportmotorräder mit Boxermotor, aus der schließlich 1980 die R80G/S hervorging.

Diese Geländesporttradition begann schon 1951, als die R 68 noch in der Entwicklungsphase steckte. Anlass war die Wiederzulassung deutscher Hersteller zu internationalen Wettbewerben durch die

Aus der Vorkriegszeit stammte die Geradwegfederung des Hinterrads. Sie war zwar besser als ein Starrrahmen, konnte aber die Anforderungen der 50er Jahre nicht mehr erfüllen.

Fédération Internationale de Motocyclisme (FIM). BMW meldete für die International Six Days Trials (ISDT), die im italienischen Varese ausgetragen wurden, drei Werksmotorräder des Typs R 51/3 mit Felix Kraus, Walter Zeller und dem alten Haudegen Georg „Schorsch" Meier als Fahrer. So begann eine 30jährige kontinuierliche Teilnahme des Werks an den ISDT und weiteren Geländesportveranstaltungen. Die ISDT-Maschinen von 1951 hatten eine besondere hochgelegte 2-in-1-Auspuffanlage von Hoske, welche auch die erste R 68 bei ihrer Vorstellung 1951 trug. Das Serienmodell erhielt jedoch eine Auspuffanlage mit Fischschwanztöpfen, die hochgelegte Ausführung bot BMW als Zubehör an.

Der R 68-Motor wich vielfach vom zahmen Motor der R 67 ab: Geänderte Kolben erhöhten die Verdichtung auf 8:1, die 38-mm-Einlass- und 34-mm-Auslassventile hatten Ventilschäfte mit 8 mm statt 7 mm Durchmesser und die Nockenwelle schärfere Steuerzeiten, die Kipphebel unter den Ventildeckeln – jetzt mit zwei Verstärkungsrippen – waren ab Seriennummer 650 034 nadelgelagert, das hintere Kurbelwellenhauptlager war ein Tonnenlager und die Vergaser hatten 26 mm Durchlass – um nur die wichtigsten Unterschiede zu nennen.

Die Ventildeckel mit den zwei Rippen gab es bis 1977, an der R 100 R erlebten sie 1992 gar eine Wiedergeburt. Weitere Besonderheiten der R 68 waren Sternmuttern zur Befestigung der Auspuffkrümmer am Zylinderkopf und ein Hebel an der linken Lenkerarmatur zur manuellen Zündverstellung um 10° in Richtung spät für ein einfacheres Starten. Die Änderungen steigerten die Leistung von 26 auf 35 PS bei 7000 min^{-1}.

Ein begehrtes Sammlerobjekt ist die großartige R 68, besonders mit der hier abgebildeten hochgelegten Auspuffanlage.

Der Pagusa-Schwingsattel gehörte bis 1955 zur Serienausstattung.

Einen dezenten Hinweis auf das Potenzial der R 68 gab der Veigel-Tachometer, hier mit einem Zifferblatt in Meilenausführung.

Das Fahrwerk der R 68 entsprach wesentlich dem Tourenmodell R 67/2, sie hatte aber einen schmaleren, sportlichen Vorderradkotflügel, einen verchromter Haltegriff am Fahrzeugheck und ein optional erhältliches Sitzkissen auf dem hinteren Kotflügel, um dem Fahrer eine liegende Sitzposition

Die letzten R 68-Modelle von 1954 besaßen eine Vollnabenbremse im Vorderrad, einen größeren Scheinwerfer, Leichtmetallfelgen und konisch-rund auslaufende Schalldämpfer.

Die charakteristischen Ventildeckel des R 68-Motors mit den beiden Verstärkungsrippen fanden sich auch bei den R 69- und R 69 S-Modellen wieder. Zu den weiteren Merkmalen der R 68 gehörten die Sternmuttern der Auspuffkrümmer und der kleinere Vorderradkotflügel.

zu ermöglichen. Die 19-Zoll-Räder mit den beiden 200 mm großen Duplexbremsen waren identisch mit denen der R 51/3 von 1952. Das Gewicht der R 68 lag bei 190 kg.

Für das Modelljahr 1953 gab es einige Änderungen. Ab Ende 1952 hatten die Vorderradgabel Faltenbälge und die Auspufftöpfe kein fischschwanzförmiges Ende mehr. Ab Juli 1953 erhielt der Rahmen Anschlüsse für einen Beiwagen, und für 1954 gab es Leichtmetallfelgen, eine Vollnabenbremse im Vorderrad und einen größeren Scheinwerfer.

BMW pries die R 68 eher als exklusives Sportmotorrad denn als Transportmittel an und verlangte als Premiumhersteller auch einen stolzen Preis dafür, den die Werbung nicht zu entschuldigen versuchte.

Als Lifestyle-Produkt kam die R 68 damals wohl 50 Jahre zu früh und fand folglich zwischen 1952 und 1954 nur 1453 zahlungskräftige Käufer. Heute ist die R 68 eines der gesuchtesten BMW Motorräder ihrer Zeit, wenn nicht überhaupt – nicht nur, weil sie selten ist. Die R 68 war eine der leistungsfähigsten Maschinen ihrer Zeit – und sah dazu auch noch richtig gut aus.

Das wohl exklusivste BMW-Modell war die nur in sehr geringer Stückzahl gefertige RS 54 (RS steht für RennSport). 1953 vorgestellt, sollte sie als konkurrenzfähige und doch einigermaßen bezahlbare Rennmaschine vornehmlich deutschen Privatfahrern erfolgreichen Motorsport ermöglichen. Obwohl nur 24 Motorräder gebaut wurden, trieb der Motor höchst erfolgreich Renngespanne an, die von 1954 bis 1974 insgesamt 19 Weltmeisterschaften dieser Klasse gewannen.

Viele Konstruktionsmerkmale der RS 54 stammten von der 500er Vorkriegsrennmaschine mit Kompressor, so die Maße von Bohrung und Hub (66 mm x 72 mm) und jeweils zwei obenliegende Nockenwellen in den Zylinderköpfen, die von Königswellen angetrieben wurden. Die Kurbelwelle hatte nur ein vorderes und ein hinteres Hauptlager. Durch den Zylinderversatz trieben die rechte Königswelle die Auslass- und die linke Königswelle die Einlassnockenwelle an, über Zahnräder wurde dann die zweite Nockenwelle angetrieben. Weil die Nockenwellen eng beieinander lagen, wurden die in einem Winkel von 82° zueinander stehenden Ventile nicht direkt, sondern über Kipphebel betätigt. Der Motor war sehr aufwändig und teuer, aber bildschön konstruiert. Im Gegensatz zu den hochfrisierten Werksmotorrädern war die käufliche RS 54-Version mit 8:1 niedriger verdichtet und leistete mit zwei 30 mm großen Fischer-Amal-Vergasern immerhin 45 PS bei 8000 min^{-1}.

Gegenüber anderen Modellen von 1953 hatte die RS 54 auch einen geänderten Doppelschleifenrahmen mit einem ovalen oberen Zentralrohr und Schwingen zur Aufhängung von Vorder- und Hinterrad – vorn eine geschobene Langschwinge; hinten diente der rechte Schwingenarm als Gehäuse für die Antriebswelle. Die RS 54 wog nur 130 kg, war aber keine optimale Solo-Rennmaschine. Der Motor war hoch eingebaut und baute breit, und auch die schwere Schwinggabel mit der resultierenden Massenträgheit um die Lenkachse und den großen ungefederten Massen beeinträchtige das Fahrverhalten. Aber das hielt Walter Zeller nicht davon ab, 1956 mit einer Kurzhubversion der Werksmaschine auf den zweiten Platz in der 500-cm³-Weltmeisterschaft zu fahren.

R 50, R 60 und R 69 mit Vollschwingenfahrwerk (1955 – 1960)

Mit den neuen Modellreihen R 50 und R 69 ließ BMW 1955 die Vorkriegszeit endgültig hinter sich. R 50 und R 69 erhielten ein neues Fahrwerk. Statt etwas primitiver Vorderradgabel und veralteter Geradwegfederung des Hinterrads dienten nun, wie beim Rennmotorrad RS 54, Schwingen zur Aufhängung von Vorder- und Hinterrad und blieben bis 1969 ein wesentliches Merkmal der Boxermodelle. Die R 67/3 wurde auch 1955 weitergebaut, bis 1956 gab es noch kein neues Tourenmodell mit 600 cm³.

Motor und Antrieb

Der Motor der R 50 war im Prinzip ein R 51/3-Motor, dessen geänderte Kolben mit drei statt bisher vier Kolbenringen auch die Verdichtung leicht auf 6,8:1 erhöhten. Zwei Bing-Vergaser mit den Bezeichnungen 1/24/45 bzw. 46 waren montiert.

Wie frühere BMW Motoren hatte die R 50 Graugusszylinder mit abgerundeten Kühlrippenenden, wie sie bis 1969 die 500er-Modelle kennzeichnen sollten. Statt Pleuel mit I-förmigem Schaft hatte die R 50 so genannte Schwertpleuel. Die Leistung war auf 26 PS gestiegen. Die R 69 übernahm den starken R 68-Motor samt dem hinteren Tonnenlager an der Kurbelwelle, den 38 mm bzw. 34 mm großen

Das erste Motorrad mit einer Langschwinge als Vorderradaufhängung war die Rennmaschine RS54 von 1953, die allerdings sonst nur wenige Gemeinsamkeiten mit den Serienmodellen hatte. Der aufwändige und komplexe Motor mit dem Königswellenantrieb der Nockenwellen war extrem teuer in der Herstellung.

Das Typenschild am Lenkkopf enthielt neben der Fahrgestellnummer auch die wichtigsten technischen Daten.

Den Motor hatte die R 69 von der R 68 übernommen, das Fahrwerk war jedoch völlig neu. Das Bild zeigt eine R 69 S; Die Ausbuchtung im vorderen Motordeckel schafft Platz für den Schwingungsdämpfer.

Ventilen mit 8-mm-Schäften, spitz zulaufenden Zylinderkühlrippenenden, identischen Bing-Vergasern mit der Bezeichnung 1/26/9 bzw. 10 und der manuellen Zündverstellung.

Neu an der R 50 und R 69 waren Membranfederkupplung und Getriebe mit drei Wellen (anstelle bisher zwei). Diese Vierganggetriebe waren neu abgestuft und hatten einen verbesserten Ruckdämpfer auf der Getriebeantriebswelle, aber keinen Handschalthebel mehr.

1956 löste in der 600er-Klasse die neue R 60 die alte R 67/3 als Touren- bzw. Gespannmaschine ab. Dazu wurde der 28 PS starke R 67-Motor mit neuen Bing-Vergasern (Typ 1/24/95 bzw. 96) in den Doppelschleifenrahmen der R 69 eingebaut. Alle Boxermodelle ab 1955 waren mit einem Micronic-Papierluftfilter statt eines Nassluftfilters ausgerüstet, das Gehäuse ab 1958 ein- statt zweiteilig. Auch die Auspuffanlage wurde 1956 überarbeitet und erhielt längere und größere Auspufftöpfe, um neue Geräuschgrenzwerte in Deutschland einzuhalten.

Elektrische Anlage

Vom Vorgänger übernommen wurden die 6-Volt-Anlage, der Noris-Magnetzünder MZ ad/R mit automatischer Frühverstellung und im Prinzip die Lichtmaschine vom Typ Noris 60/6/1500L mit ihren dürftigen 60 Watt. Auch die Batterie war mit 8 Ah Kapazität nicht gerade ein Kraftpaket. Der Tachometer und die wichtigsten Bauteile der elektrischen Anlage waren in einem Lampengehäuse von Hella untergebracht. Ließ auch die Beleuchtung zu wünschen übrig, so war der unabhängig davon arbeitende Magnetzünder sehr zuverlässig, wenn periodisch der Unterbrecherkontakt geprüft und Nocken und Fliehkraftregler geschmiert wurden. Als Zündkerze diente wie bei den Boxermodellen von 1950 bis 1954 eine Bosch W240T1.

Fahrwerk

Das Vollschwingenfahrwerk der R 50, R 60 und R 69 war der größte Fortschritt gegenüber den Vorgängermodellen. Die Vorderradaufhängung mit der geschobenen Langschwinge war eine Weiterentwicklung der ursprünglich von Ernie Earles in England ersonnenen Schwinggabel. BMW baute sie in Lizenz von Earles und setzte sie erstmals bei der RS 54 ein. Sie verbesserte das Fahrverhalten und unterdrückte das Eintauchen der Frontpartie beim Bremsen, war aber zu schwer, um sich bei den Solomotorrädern durchzusetzen. Nur bei den Seitenwagen fand sie größere Verbreitung.

Von der unteren Gabelbrücke führten zwei kräftige Rohre nach unten und nahmen mit ihrem unteren Ende die Schwingenachse auf. Bei der R 50, R 60 und R 69 waren diese Rohre gerade und nicht geschwungen wie die der RS 54. Die Schwinge drehte sich auf eingesetzten Lagern um die durchgesteckte Schwingenachse und stützte sich über zwei hydraulisch gedämpfte Boge-Federbeine wiederum an der unteren Gabelbrücke ab. Zwei obere Federbeinbefes-

BMW verwendete für die /2- und S-Modelle das vorhandene 4-Gang-Getriebe, stattete es aber mit enger abgestuften Übersetzungen aus. Die Übersetzungsverhältnisse der Gangstufen 1 bis 3 lauteten 4,17; 2,73; 1,94; nur der 4. Gang blieb mit 1,54 unverändert. Es war eine robuste und zuverlässige Konstruktion, aber auch mechanisch laut, und erforderte für sauberes Schalten etwas Übung. Diese Eigenarten behielt es auch, nachdem BMW das Getriebewellenspiel verringerte, im September 1966 für die R 69 S (ab Fahrgestellnummer 662545) und im Juni 1967 für die R 50/2 (ab Nummer 643990) und die R 60/2 (ab Nummer 1814026). BMW gab an, der Lautstärkepegel bei der R 69 S habe sich dadurch im Leerlauf von 84 auf 78 Dezibel verringert. Die Radien der Schaltkulisse wurden ab Juli 1968 vergrößert, damit einher gingen Änderungen an den Schaltverzahnungen (R 50/2 ab Nummer 646686, R 60/2 ab Nummer 1816037 und R 69 S ab Nummer 664451). Noch im November 1969 versuchte man mit einer größer dimensionierten Sperrklinkenfeder, das Schaltverhalten zu verbessern.

Die 600er-Modelle erhielten ab Juni 1964 eine verbesserte Kupplung mit einer verstärkten Feder (R 69 S ab Nummer 658624 und R 60/2 ab Nummer 626401). Ölverluste am Tachometerantrieb sollte ab Oktober 1965 ein überarbeitetes Antriebszahnrad abstellen (R 50/2 ab Nummer 640039, R 60/2 ab Nummer 727956 und R 69 S ab Nummer 660144).

Die Übersetzung des Endantriebs war anfänglich bei der R 69 S und R 60/2 mit 3,375 (8/25) identisch. Bei der R 50/2 betrug das Übersetzungsverhältnis 3,18 (11/35), bei der R 50 S 3,58 (7/25). Für den Beiwagenbetrieb war als Standard eine Übersetzung von 4,33 (6/26) vorgesehen, nur bei der R 60/2 betrug sie 3,86 (7/27). Damit bei hohen Temperaturen kein Öl austrat, änderte BMW ab Januar 1963 an der R 69 S die Belüftung des Hinterradantriebsgehäuses (ab Nummer 657099). Ab Juli 1968 erhielten alle Modelle einen breiteren Hinterreifen (4.00 - 18) sowie eine neue Endübersetzung von 3,13 (8/27; R 50/2 ab Nummer 646686, R 60/2 ab Nummer 1816268 und R 69 S ab Nummer 664651).

An den hinteren Boge-Federbeinen konnte über einen Hebel die Federvorspannung geändert werden.

Vergaser und Luftfilter

BMW übernahm für die R 50/2 die Bing-Vergaser der R 50 mit den Bezeichnungen 1/24/45 und 46. Neue Bing-Vergaser bekamen die R 60/2 (1/24/125 und 126), die R 69 S (1/26/75 und 76) und die R 50 S (1/26/71 und 72). Um das Start- und Leerlaufverhalten zu verbessern, überarbeitete BMW ab Juni 1967 die Schwimmerführungen, verkürzte den Schwimmertupfer und änderte die Hauptdüsen.

Ab August 1967 gab es wiederum neue Vergaser von Bing: Die R 69 S erhielt ab Nummer 663245 die Vergaser mit den Bezeichnungen 1/26/91 und 92, die R 60/2 ab Nummer 1814032 die Typen 1/24/125 und 126 sowie die R 50/2 ab Nummer 645590 die Typen 1/24/149 und 150.

Neu an diesen Vergasern waren unter anderem die Hauptdüsenbestückung, die Kraftstoffzufuhr

Der BMW-Schriftzug auf allen Emblemen hatte vor 1966 noch Buchstaben mit Serifen.

Die meisten Boxermodelle, die von 1955 bis 1969 ausgeliefert wurden, verließen das Werk mit einem kleinen Kraftstofftank und einer schmalen Doppelsitzbank. Die hier abgebildete R 69 S hat einen niedrigen Sportlenker, während viele US-Modelle mit einem hohen Lenker versehen waren.

Die 26er Bing-Vergaser der R 69 S ähnelten denen der früheren Versionen. Schwimmerkammer und Schiebergehäuse waren aus einer Zinklegierung hergestellt und bildeten ein gemeinsames Gussteil.

und ein Schwimmertupfer mit einer Kunststoffkappe anstelle der bisherigen Metallausführung. Ein Papierluftfilterelement von Micro-Star war nun Standard, und an den Luftfiltergehäusen der R 50/2 und R 60/2 entfielen die Kaltstarthebel.

Elektrische Anlage

Das 6-Volt-Bordnetz wurde für die /2-Modelle bis auf den Bosch-Magnetzünder sowie eine Bosch-Lichtmaschine des Typs LJ/CGE/60/6/1700RS unverändert übernommen. Außer den Bosch-Zündkerzen waren jetzt auch Beru-Zündkerzen mit der Bezeichnung 240/14 freigegeben, für die S-Modelle sollten Bosch W260T1 oder Beru 260/14 verwendet werden. Entfallen war an der R 69 S die von der R 68 übernommene manuelle Zündverstellung.

Fahrwerk

Die neuen Modelle übernahmen die Fahrwerke der vorigen R 69, R 60 und R 50; die S-Modelle erhielten zusätzlich einen hydraulischen Lenkungsdämpfer. 1962 verstärkte BMW die Rahmenrohre im Bereich der Batteriehalterung durch Knotenbleche. Die R 69 S erhielt ab Fahrgestellnummer 656276 eingeschweißte dreieckige Verstärkungsbleche an den vertikal zur Hinterradschwingenlagerung führenden Rohren. Ab April 1962 hatten an allen Rahmen die Lagerzapfen der Hinterradschwinge Bohrungen, um das Abschmieren zu erleichtern – eine praktische Verbesserung. Mit Einführung des Schwingungsdämpfers an der R 69 S flachte BMW den Querschnitt der unteren Querstrebe zwischen den Trägerrohren der Vorderradschwinge ab, um Platz für die Ausbuchtung des vorderen Motordeckels zu schaffen. Ab Juni 1964 (R 50/2 ab Fahrgestellnummer 636591, R 60/2 ab Nummer 626361 und R 69 S ab Nummer 658624) gab es an den vorderen Schwingenlagern einen Trichterschmiernippel.

Die Räder der /2- und S-Modelle erhielten dickere Speichen mit 4 mm Durchmesser in Mattchrom oder Glanzchrom. Die 18-Zoll-Felgen waren aus verchromtem Stahl oder Aluminium, die Reifengrößen vorn und hinten identisch 3.50 - 18. Ab Juli 1968 (R 50/2 ab Fahrgestellnummer 646685, R 60/2 ab Nummer 1816267 und R 69 S ab Nummer 664650) wurden Hinterreifen der Größe 4.00 – 18 montiert. Die Reifen stammten nun von Metzeler oder Continental.

Zu Beginn sahen die /2- und die S-Modelle den Vorgängermaschinen recht ähnlich. Ab 1962 wies ein „R 69 S"-Schriftzug auf dem hinteren Kotflügel auf das Topmodell hin. Die Kraftstofftanks blieben zunächst unverändert, nach 1966 hatte allerdings der BMW-Schriftzug des Tankemblems keine Serifen mehr. Lieferbar waren die /2- und S-Modelle in den Farben Schwarz, Weiß, Creme sowie in zwei Varianten von Rot, Blaugrün, Blau und Grün, letztere vornehmlich für den US-Markt. Die US-Modelle waren weiterhin mit einem höheren und breiteren Lenker ausgerüstet.

Ab 1967 (R 50/2 ab Fahrgestellnummer 641437, R 60/2 von Nummer 629956 bis 630000 und ab 1810001 und R 69 S ab Nummer 661045) erhielten alle Modelle neue Magura-Handhebel mit Fingermulden und einem Kugelkopf am äußeren Ende, die auf einer Kunststoffhülse gelagert waren. Auch die Lenkerschalter von Hella wurden geändert, um die Blinker am Lenkerende (die „Ochsenaugen") schalten zu können.

Die Vollschwingenmodelle folgten keinem Trend und galten Ende der 1960er Jahre als überholt und antiquiert. Seit einem Jahrzehnt fast unverändert gebaut, waren sie mit ca. 200 kg relativ schwer und nicht gerade temperamentvoll. Die R 69 S erreichte immerhin 175 km/h, hatte jedoch ein etwas gewöhnungsbedürftiges Fahrverhalten. Der stabile Rahmen und die massive Vorderradschwinggabel waren zwar gut für den Beiwagenbetrieb, aber dafür gab es keine große Nachfrage mehr.

1967 baute BMW für den wichtigen US-Markt spezielle Ausführungen mit einer Teleskopgabel, um den Eindruck einer Weiterentwicklung zu erwecken, jedoch ohne besonderen Anklang.

Ironischerweise sind die Vollschwingenmodelle jetzt gesuchte Fahrzeuge, besonders die R 69 S. Zwar ist sie nicht besonders selten, aber die R 69 S vereinigt alle guten Eigenschaften der Vor-/5-Modelle.

Bis 1969 überlebt haben Überbleibsel aus der unmittelbaren Nachkriegszeit: der scheinwerferintegrierte Tachometer (hier ein VDO-Instrument) und der primitive Bosch-Zündschalter, hier an einer R 69 S von 1962.

Die einfachen Lenkerschalter der /2-Modelle stammten von Hella.

Optisch war die R 60/2 der vorhergehenden R 60 sehr ähnlich, aber der Motor wies einige Änderungen auf, mit denen die Zuverlässigkeit erhöht werden sollte. Auch die Leistung war etwas gesteigert worden. Das hier gezeigte Modell von 1961 ist mit dem größeren Kraftstofftank ausgerüstet, bei dem sich das Werkzeugfach in der Tankoberseite befindet.

Ein Erkennungsmerkmal der R 69 S waren Schalldämpfer mit größeren Austrittsöffnungen. Viele R 69 S wurden auch mit verchromten Stahlfelgen ausgeliefert; die Speichen waren geringfügig dicker als bei der R 69.

Die meisten R 69 S trugen stolz ihre Bezeichnung auf dem hinteren Kotflügel.

Die aufwändig gefertigte, wälzgelagerte Kurbelwelle und die zahnradgetriebene Nockenwelle zeichneten den Motor aus, und die R 69 S ist auch heute noch ein äußerst praktisches und alltagstaugliches klassisches Motorrad – zu Recht neben der R 68 eines der begehrtesten BMW-Motorräder der Nachkriegszeit.

PRODUKTIONSZAHLEN R 50/2, R 60/2 UND R 69 S, MODELLJAHRE 1960 - 1969

MODELL	PROD.-ZEITRAUM	1960/61	1962	1963	1964	1965	1966	1967	1968	1969	GESAMT
R 50/2	01/61 - 08/69	2820	1150	1468	3817	2131	2557	2464	1188	1040	18.635
R 50S	08/60 - 08/62	1050	584								1634
R 60/2	01/60 - 12/69	1480	700	1050	1955	2307	2698	2615	1830	792	15.427
R 69 S	01/60 - 12/69	1270	1068	825	1300	1581	1416	1420	1113	321	10.314
											46.010

R 50 US, R 60 US, R 69 US (1967 – 1969)

Ein später, etwas halbherziger Versuch zur Modernisierung der /2-Modelle waren ab 1967 die Versionen für den US-Markt, R 50 US, R 60 US und R 69 US. Diese US-Modelle hatten statt der Vorderradschwinge eine Teleskopgabel und keine Seitenwagenanschlüsse am Rahmen – ansonsten blieb die Technik gleich. Da BMW seit 1963 an den ISDT-Geländemaschinen Teleskopgabeln verwendete, kam dieser Schritt nicht unvorbereitet. 1969 hatten alle in die USA exportierten BMW Motorräder Teleskopgabeln.

Die Teleskopgabel war eine für die damalige Zeit recht fortschrittliche Eigenkonstruktion von BMW, hatte einen Standrohrdurchmesser von 36 mm und einen Federweg von stattlichen 214 mm. Durch ein konisch gestaltetes Dämpferelement dämpften Zug- und Druckstufe progressiv. Der größte Vorteil gegenüber der Schwinggabel lag im geringeren Gewicht und den deutlich reduzierten ungefederten Massen. So fiel auch das Gesamtgewicht der Motorräder niedriger aus: die R 69 US wog 199 kg, die R 50 US und R 60 US brachten jeweils 195 kg auf die Waage. Ein Stahlrohrbügel verband die beiden Tauchrohre zwecks höherer Torsionssteifigkeit und diente als Befestigungspunkt für den neuen Vorderradkotflügel; zum Schutz der Standrohrgleitflächen waren Faltenbälge mit 13 Segmenten vorhanden. Die 200-mm-Trommelbremse des Vorderrads stammte von den Schwinggabelmodellen, und eine lange Aluminiumstrebe stützte die Bremsankerplatte ab.

Mit ihrer zwar beeindruckenden, aber auch auf eine gewisse Weise bieder wirkenden Erscheinung galt die R 69 S 1969 als überholt. Heutzutage ist sie eines der gefragtesten klassischen BMW-Modelle der späteren Nachkriegszeit. Das hier gezeigte Exemplar ist mit den so genannten „Ochsenaugen"-Blinkern von Hella ausgerüstet.

Die Teleskopgabel verlängerte den Radstand von 1415 mm auf 1427 mm und die Gesamtlänge auf 2137 mm. Da der Lenkkopf etwas angehoben wurde, stieg die Gesamthöhe der R 69 US auf 995 mm, bei den beiden anderen Modellen auf 980 mm. Hauptständer und Seitenstütze mussten verlängert werden. Die Teleskopgabel verbesserte das Fahrverhalten bei höheren Geschwindigkeiten auf unebenen Straßen, allerdings auf Kosten des Handlings bei niedrigen Geschwindigkeiten. Die R 69 S US behielt den hydraulischen Lenkungsdämpfer, und alle US-Modelle hatten den größeren 4.00 - 18 Hinterreifen.

Der Versuch, die /2-Modelle mit einfachen Mitteln zu modernisieren, ging gründlich daneben. Die Teleskopgabel konnte die altertümliche Abstammung der Boxermodelle nicht kaschieren. Die R 69 US war 1969 mit $1648 das teuerste 600-cm^3-Motorrad in den USA. Auch in Deutschland war die R 69 S mit 4400 DM nicht gerade ein Sonderangebot.

Produzierte BMW 1966 noch 9071 Motorräder, waren es 1968 nur 5074. Das Unternehmen intensivierte die Entwicklung und Produktion der Automobile und dachte bereits über die Einstellung des Motorradgeschäfts nach. Zu Beginn der 1960er Jahre hatte die Motorradsparte die Verluste im PKW-Bereich aufgefangen, am Ende des Jahrzehnts hatte sich die Situation umgekehrt und die Motorradproduktion war unrentabel geworden.

PRODUKTIONSZAHLEN R 50 US, R 60 US UND R 69 US, MODELLJAHRE 1967 - 1969

MODELL	PRODUKTIONSZEITRAUM	1967	1968	1969	GESAMT
R 50 US	09/67 - 08/69	199	132	70	401
R 60 US	01/67 - 12/69	708	728	443	1879
R 69 US	01/67 - 12/69	490	83	430	1003
					3283

Kapitel 2

R 50/5, R 60/5 und R 75/5 (1970 bis 1973)

Mit der /5 schuf BMW ein Motorrad, dass sich erheblich von den bisherigen Modellen mit Vollschwingenfahrwerk unterschied. Auf dem Bild ist eine 75/5 von 1973 mit langem Radstand zu sehen (Fahrgestellnummer 4002518). Das Fahrzeug ist mit den als Zubehör erhältlichen Zylinderschutzbügeln sowie den ebenfalls optionalen verchromten Batterieabdeckungen des 72er Modells ausgestattet.

Nach fast zehn Jahren Stagnation und Absatzrückgang stellte BMW Ende 1969 eine neue Modellgeneration mit Boxermotor vor. Sie blieb dem Konzept des 2-Zylinder Boxers treu, aber Motor und Fahrwerk waren völlig neu konstruiert und sollten bis 1996 gebaut werden. Zugleich verlagerte BMW auch seine Motorradproduktion von Milbertshofen bei München in ein neues Werk nach Berlin-Spandau.

Die Fortsetzung des Motorradbaus bei BMW war das Verdienst des Technischen Direktors Helmut Werner Bönsch. Er überzeugte die Firmenleitung, in die Entwicklung eines neuen Oberklasse-Motorrads zu investieren, das dem exzellenten Ruf von BMW im Bau hochwertiger Motorräder gerecht werden sollte.

Unter der Leitung von Günter von der Marwitz entstand die /5-Baureihe, eine moderne Motorradgeneration mit herausragenden Fahrleistungen und ebenbürtigen Fahreigenschaften. Ihre Vorstellung auf dem Hockenheimring am 28. August 1969 beeindruckte auch die größten Skeptiker. Die /5 gab es mit drei Hubräumen – 500 cm³, 600 cm³ und 750 cm³ – wobei die R 75/5 die erste offizielle 750er BMW seit der von 1942 bis 1944 gebauten Militärmaschine R 75 war. Die Produktion in Spandau begann im September 1969 mit der R 60/5, im Oktober folgte die R 75/5 und im November die R 50/5.

Die /5-Baureihe war auf Anhieb ein Verkaufserfolg. Im Jahr 1970 verkaufte BMW 12.346 Einheiten – das beste Verkaufsjahr seit 1955 – und die Zukunft der /5 war gesichert.

Im Januar 1970 erreichten die ersten /5-Modelle die Ostküste der USA, einen Monat später die Westküste. Am besten verkaufte sich auf dem US-Markt die R 75/5, am wenigsten die R 50/5.

R 50/5, R 60/5 und R 75/5, Modelljahr 1970

Als völlige Neukonstruktion übernahm die /5 nur wenig von den vorhergehenden /2- und R 69 S-Modellen. Der neue Motor war so solide konstruiert, dass er mit nur wenigen Änderungen bis Ende 1996 gebaut werden konnte. Seine wesentlichen Merkmale werden in diesem Kapitel behandelt, die späteren

Modifikationen behandeln die entsprechenden Abschnitte. Einzelne Exemplare können in Details abweichen, denn geänderte Bauteile kamen erst dann zum Einsatz, wenn der alte Bestand aufgebraucht war. Das trifft auch heute noch auf BMW-Motorräder zu, war aber bei der /5-Baureihe sehr ausgeprägt. Diese fließenden Übergänge erschweren bei den /5-Modellen die Feststellung, ob ein Teil tatsächlich original ist.

Die Zuordnung der Entwicklungsschritte folgt dem Modelljahr, das bei BMW vom September bis zum August des Folgejahres dauerte. Natürlich ist das auch über die Fahrgestellnummer möglich, die mit der Motornummer identisch war.

Motor und Antrieb

Die offizielle BMW-Bezeichnung für den luftgekühlten Boxermotor der /5-Baureihe und der folgenden Serien lautete M04*, firmenintern erhielt er das Kürzel 246. Von seinen Vorgängern übernahm er das grundsätzliche Konstruktionsprinzip, aber dann war es mit den Gemeinsamkeiten auch vorbei. So war die Kurbelwelle nun einteilig und gleitgelagert, während die Nockenwelle unter der Kurbelwelle angeordnet war. Die Idee war nicht neu, Leonhard Ischinger hatte schon 1932 bei den Prototypenmotoren M205 – M208 (500 cm³ bis 800 cm³) eine ähnliche Lösung vorgeschlagen. Diese damals äußerst fortschrittliche Konstruktion hatte ebenfalls ein einteiliges Motorgehäuse (das so genannte Tunnelgehäuse) und eine geschmiedete, gleitgelagerte Kurbelwelle, wurde aber nie in Serie gebaut.

FAHRGESTELLNUMMERN /5-MODELLE

MODELL	NUMMERN	MODELLJAHR	PRODUKTIONSZEITRAUM
R 50/5	2900001 – 2903623	- 71	09/69 - 08/71
	2903624 – 2907865	1972 – 73	09/71 - 08/73
R 60/5	2930001 – 2938704	1970 – 71	09/69 - 08/71
	2938705 – 2952721	1972 – 73	09/71 - 08/73
R 75/5	2970001 – 2982737	1970 – 71	09/69 - 08/71
	2982738 – 3000000	1972	09/71 - 08/73
	4000001 – 4008371	1973	

Mit der Nockenwelle wurden beim Motortyp 246 natürlich auch die Stößelstangen unterhalb der Kurbelwelle verlegt. Die Nockenwelle wurde über eine Duplexkette und nicht mehr über Zahnräder wie beim Vorgängermotor angetrieben. Die Motorbasis war bei den drei /5-Varianten identisch; sie hatten bei gleichem Hub unterschiedliche Bohrungen. Mit Vergasern und Motorölfüllung, aber ohne Zündspulen und Ansaugsystem wog der R 50/5-Motor 58,5 kg, der 60/6-Motor 63,5 kg und der R 75/5-Motor 64,9 kg.

Die Kraftübertragung von der Kurbelwelle auf das Getriebe erfolgte wie bei der R 69 S über eine mit dem Schwungrad verschraubte Einscheiben-Trockenkupplung. Das 4-Gang-Getriebe hatte drei Wellen und leitete die Kraft über ein Kreuzgelenk am Getriebeausgang auf die im rechten Schwingenholm verlaufende Antriebswelle weiter. Ein spiralverzahnter Kegelradsatz übernahm die Endübersetzung und lenkte die Antriebskraft zum Hinterrad um.

MOTORDATEN /5-MODELLE

MODELL	BOHRUNG (MM)	HUB (MM)	HUBRAUM (CM³)	VERDICHTUNG	LEISTUNG
R 50/5	67	70,6	498	8,6:1	32 PS BEI 6400 MIN⁻¹
R 60/5	73,5	70,6	599	9,2:1	40 PS BEI 6400 MIN⁻¹
R 75/5	82	70,6	745	9,0:1	50 PS BEI 6200 MIN⁻¹

Kurbelgehäuse

In der Tradition aller Boxermodelle seit der R 5 war das Kurbelgehäuse der /5- ein einteiliges Tunnelgehäuse. Der Motor/Getriebeblock war deutlich größer als seine Vorgänger, denn unter der oberen Abdeckhaube verbarg sich der elektrische Anlasser, und der Luftfilter war jetzt über dem Getriebe harmonisch in das glattflächige Gehäuse integriert. Eingegossene Stahlelemente verstärkten das Gehäuse aus Leichtmetallguss, dessen Motornummer links über der Öleinfüllöffnung eingeschlagen war. Ein BMW-Symbol stand am Ende der siebenstelligen Nummer. Die allerersten Kurbelgehäuse (Juli 1969) hatten – wie die /2-Modelle – einen eingegossenen „BMW"-Schriftzug über den Zylindern und auch eine andere Ersatzteilnummer; der Schriftzug entfiel 1970. Zur Unterscheidung der Modelle war auf beiden Seiten der oberen Abdeckhaube die jeweilige Typenbezeichnung angebracht, bei den ersten Ausführungen noch ohne schwarzen Hintergrund. Die Ölwanne war aus Leichtmetallguss und hatte 14 Halteschrauben. Der Kettenkastendeckel und der vordere Motordeckel zum Schutz von Lichtmaschine und Unterbrecherkontakt waren als glattflächige Leichtmetallgussteile ausgeführt, letzterer noch ohne Belüftungsöffnungen.

Mit der Motorleistung stiegen Belastung und Durchbiegung der Kurbelwelle. Um auf ein Mittellager verzichten zu können, war die Kurbelwelle als einteiliges Schmiedeteil ausgeführt. Größere Hauptlagerzapfen (60 mm statt 35 mm bei der R 69 S) waren biegesteifer und drehten sich in modernen Dreischichtlagern, deren Aufbau vom neu für die BMW-Pkw entwickelten 2,5-Liter-Sechszylindermotor M06* übernommen wurde. Beim Motorradmotor waren sie allerdings nicht geteilt, sondern bestanden aus geschlossenen Lagerbuchsen. Das hintere Hauptlager war direkt in das Kurbelgehäuse eingepresst, das vordere Hauptlager befand sich in einem Lagerschild aus Leichtmetalldruckguss, das zum Kurbelwellenausbau demontiert wurde.

Der Kurbelzapfendurchmesser der Kurbelwelle maß 48 mm, darauf liefen gesenkgeschmiedete Pleuel mit geteilten Pleuelfüßen. Der desachsierte Kolbenbolzen hatte 22 mm Durchmesser. Auch das untere Pleuellager war ein Dreischichtlager, während

Die untenliegenden Stößelschutzrohre unterschieden den /5-Motor schon optisch deutlich vom bisherigen /2-Motor. Die Steuerkettenabdeckung und der vordere Motordeckel für die Lichtmaschine der /5-Modelle waren noch glattflächig.

der Kolbenbolzen in einer Bronzebüchse gelagert war. Bei einer Pleuellänge von 135 mm (von Lagermitte bis Lagermitte) lag das Kurbelverhältnis (Pleuellänge zu Kurbelradius) mit 1,91:1 recht nahe am optimalen Wert von 2:1. Ein Schwungrad ähnlich dem eines Pkw, leichter als frühere Konstruktionen, war an die Kurbelwelle angeflanscht und trug einen Zahnkranz für den Eingriff des Anlassers.

Kolben und Ringe

In den /5-Motoren kamen Leichtmetallgusskolben mit drei Kolbenringen zum Einsatz, die im kalten Zustand eine ballig-ovale Form aufwiesen. Der Kolbenboden war recht flach mit relativ kleinen Ventiltaschen. Der oberste Verdichtungsring war hartverchromt und relativ dünn, um bei hohen Drehzahlen die Flatterneigung und den damit einhergehenden Kompressionsverlust zu verringern. Zur Verbesserung des Ölabstreifens war der zweite Verdichtungsring ein so genannter Nasenring, während der unterste Kolbenring als reiner Ölabstreifring ausgeführt war.

Für den Wettbewerbseinsatz wurden für die R 75/5 höher verdichtende Kolben angeboten.

Zylinder

Statt der Graugusszylinder der Vorgängermodelle hatte die /5-Baureihe Aluminiumzylinder mit eingegossenen Grauguss-Laufbüchsen. Sie wurden im Alfin-Verfahren hergestellt, bei dem eine intermetallische Verbindung zwischen den beiden Materialien entsteht, die neben dem geringen Gewicht auch einen sehr guten Wärmeübergang ermöglicht. Die gleichmäßigere Wärmeausdehnung erlaubte, das Kolbeneinbauspiel auf 0,035 – 0,045 mm zu reduzieren. Zwei Stößelstangenschutzrohre waren von unten in den Zylinder eingepresst und dienten auch als Ölrücklaufleitung vom Zylinderkopf in das Kurbelgehäuse. Am Zylinderfuß war eine Aluminiumdichtung eingelegt, während die Zylinderkopfdichtung aus Asbestfasern und Metallgewebe bestand.

Zylinderkopf

Auch die Zylinderköpfe der /5 waren neu konstruiert. Die zwei Ventile standen in einem etwas flacheren Winkel von 65° zueinander. Der verrippte Zylinderkopf aus einer Aluminiumlegierung hatte eingeschrumpfte Ventilsitze. Jedes /5-Modell hatte andere Ventilgrößen: Die R 75/5-Ventile hatten einen Durchmesser von 42 mm (Einlass) bzw. 38 mm (Auslass) und waren 98 mm lang. Bei der R 60/5 war das Einlassventil 38 mm groß und 98,5 mm lang, das Auslassventil 34 mm groß und 97,5 mm lang. Bei der R 50/5 lagen die Maße bei 34 mm und 32 mm mit den Längen 103 mm und 102,5 mm. Alle Ventilschäfte hatten einen Durchmesser von 8 mm und waren hartverchromt, die der Auslassventile aus besonders wärmeleitfähigem austenitischem Stahl wie die Ventilteller. Die Betätigung erfolgte über gehärtete Stößel mit 22 mm Durchmesser, Stößelstangen und Kipphebel. Für ein konstantes Ventilspiel hatten die Stößelstangen den gleichen Ausdehnungskoeffizienten wie die Zylinder. Die Ventile bewegten sich in 54 mm langen Führungen und wurden von Einzelschraubenfedern geschlossen.

Unterschiedliche Durchmesser hatten auch die eingeschraubten Ansaugstutzen: 26 mm bei der R 50/5 und R 60/5 bzw. 36 mm bei der R 75/5. Anfänglich war der R 75/5-Ansaugstutzen 30 mm lang, wurde später aber auf 25 mm verkürzt. Über vier lange Stehbolzen (10 x 275 mm) wurden Kipphebelböcke, Zylinderköpfe und Zylinder gemeinsam mit dem Kurbelgehäuse verschraubt, zwei weitere Stehbolzen (10 x 30 mm und 10 x 50 mm) befestigten zusätzlich den Zylinderkopf auf dem Zylinder. Das Übersetzungsverhältnis der Kipphebel lag bei 1:1,39, ihre Lager waren Bronzebüchsen mit 18 mm Durchmesser.

Nockenwelle und Steuerkette

Die einsatzgehärtete Nockenwelle aus Druckguss drehte sich mit dem getriebeseitigen Ende direkt im Motorgehäuse, während vorn ein Lagerflansch mit einem Kugellager der Dimension 35 x 62 x 9 mm eingeschraubt war. Für bessere Gleiteigenschaften war die Nockenwelle phosphatiert. Ihr hinteres Ende trieb eine Eaton-Ölpumpe an. Am vorderen Nockenwellenende saßen der Drehzahlmesserantrieb und der Unterbrechernocken mit Fliehkraftregler. Während die Nockenwellen bei der R 50/5 und R 60/5 baugleich waren, hatte die R 75/5 eine sportlicher ausgelegte Nockenwelle mit größerer Ventilüberschneidung und einer Spreizung von 110° (gegenüber 90° bei der R 50/5 und R 60/5). Auch der Nockenhub der R 75/5 war mit 6,756 mm deutlich größer als die 6,198 mm der R 50/5- und R 60/5-Nockenwelle.

Statt der früheren schrägverzahnten Zahnräder trieb eine Duplexkette wie bei den BMW-Automotoren die Nockenwelle der /5 an. Die Doppelrollenkette mit 50 Gliedern hatte die Dimension 3/8 x 7/32 und wurde automatisch über eine federbelastete Gleitschiene gespannt. Eine Scheibenfeder der Größe 5 x 6,5 mm befestigte das Steuerkettenrad auf der Nockenwelle.

Schmiersystem

Die vielen Gleitlagerstellen im Motor hatten einen enormen Bedarf an unter Druck zugeführtem und gefiltertem Öl. Die Schmierölversorgung stellte eine Eaton-Ölpumpe sicher, deren vierflügeliger Innenrotor sich in einem Außenrotor mit fünf Vertiefungen drehte. Sie förderte 1400 Liter pro Stunde bei 6000 min^{-1}. Bei den frühen /5-Modellen fixierte eine sehr kleine Scheibenfeder von 2,5 x 3,7 mm den Innenrotor auf der Nockenwelle. Über eine Saugglocke mit Netzfilter saugte die Ölpumpe das Öl aus der Ölwanne an und förderte es zum Hauptstromölfilter, dessen austauschbares Filterelement sich vorne rechts unter einem Deckel im Motorblock befand.

STEUERZEITEN /5-MODELLE (BEI 2 MM VENTILSPIEL, ± 2,5°)

MODELL	EINLASS ÖFFNET	EINLASS SCHLIESST	AUSLASS ÖFFNET	AUSLASS SCHLIESST
R 50/5, R 60/5	OT	40° NACH UT	40° VOR UT	OT
R 75/5	10° VOR OT	50° NACH UT	50° VOR UT	10° NACH OT

Kanäle leiteten das Öl zum vorderen Nockenwellenlager und Kurbelwellenlagerschild und links im Motorgehäuse zum hinteren Hauptlager. Abzweige führten auf beiden Seiten zu den oberen Zylinderstehbolzen, wo das Öl über Öffnungen in die Stehbolzenbohrungen im Zylinder eintrat und zur Kipphebel- bzw. Ventilschmierung in den Zylinderkopf gelangte. Kreisförmige Nuten in den Hauptlagern ließen das Öl permanent über Bohrungen in die

An den R 50/5- und R 60/5-Modellen waren Schiebervergaser mit Zentralschwimmer von Bing verbaut, die anstelle eines Chokes einen Tupfer hatten. Die silberfarbenen Ansaugrohre weisen auf ein Modell der Baujahre 1970 – 1971 hin.

Das Modell R 75/5 war mit Gleichdruckvergasern von Bing ausgerüstet. Diese Vergaserbauart sollte bis 1996 an fast jedem luftgekühlten Boxermotor zu finden sein.

Am Luftfiltergehäuse der R 75/5 befand sich ein Hebel von Magura, mit dem der Choke bedient werden konnte.

Charakteristisch für die /5-Modelle waren die zigarrenförmigen verchromten Schalldämpfer. Hier eine R 75/5 von 1973.

VERGASERDATEN /5-MODELLE	R 50/5	R 60/5	R 75/5
LINKER VERGASER	BING 1/26/113	BING 1/26/111	BING 64/32/3 (64/32/9 AB 1971)
RECHTER VERGASER	BING 1/26/114	BING 1/26/112	BING 64/32/4 (64/32/10 AB 1971)
HAUPTDÜSE	135	140	135
NADELDÜSE	2.68	2.68	2.73 (2.70)
DÜSENNADEL	4	4	46-241
NADELPOSITION	3	2	3
LEERLAUFDÜSE	35	40	44-950

Kurbelwelle eintreten und die unteren Pleuellager versorgen. Das hintere Nockenwellenlager schmierte die Ölpumpe direkt, für die Steuerkette genügte das Schleuderöl im Motorinnern.

Oben auf dem Kurbelgehäuse saß ein Entlüfterdom mit Rückschlagventil, in dem sich der Ölnebel der Kurbelgehäusedämpfe absetzen konnte, bevor sie in die Ansaugkanäle eingeleitet und im Motor verbrannt wurden. Zweifellos trug das durchdachte Schmiersystem zur legendären Zuverlässigkeit der M04*-Motoren bei.

Vergaser und Luftfilter

BMW gab den /5-Modellen auch ein neues Ansaugsystem. Das Luftfiltergehäuse war kein separates Bauteil auf dem Getriebe mehr, sondern in gleicher Lage glattflächig in den Motor-/Getriebeblock integriert. Unter dem Kraftstofftank lag auf der oberen Motorabdeckung eine Ansaughutze, deren Öffnung nach hinten gerichtet war. So konnte der Fahrtwind nicht im Gehäuse gestaut werden, aber immerhin war das Luftfiltervolumen um 60 % größer als bei der R 69 S. Die angesaugte Luft kühlte die elektrischen Komponenten vorn oben am Motor und erreichte dann den großen runden Papierluftfiltereinsatz von Micro-Star. Von der Innenseite des Luftfiltereinsatzes gelangte die gereinigte Ansaugluft zu den beiden Ansaugrohren bzw. Vergasern. Dieses verschachtelte Ansaugsystem erhöhte nicht gerade die Leistung, dämpfte aber sehr gut das Ansauggeräusch und reinigte die Luft gründlich.

Die R 50/5 und R 60/5 hatten 26-mm-Schiebervergaser, die R 75/5 32-mm-Gleichdruckvergaser, alle von Bing. Zur Schwingungsentkoppelung und Isolierung waren die Gleichdruckvergaser mit kurzen Gummistutzen und 52-mm-Schlauchschellen am Zylinderkopf befestigt. Die Schiebervergaser hatten eine Beschleunigerpumpe und anstelle eines Chokes einen Tupfer zur Kaltstartanreicherung. An den Gleichdruckvergasern war ein Choke vorhanden, der per Seilzug und einen links am Luftfiltergehäuse angebrachten Magura-Hebel betätigt wurde. Die ersten Neopren-Membranen der Gleichdruckvergaser waren relativ dünn und daher rissgefährdet, was 1971 geändert wurde. Die Ansaugrohre der Modelljahre 1970 und 1971 waren silberfarben.

Auspuffanlage

Alle /5-Modelle hatten verchromte Auspuffkrümmer der Dimension 38 x 1,5 mm und unverwechselbare zigarrenförmige Schalldämpfer mit 100 mm Durchmesser. Die Krümmer waren vor dem Motor mit einem Interferenzrohr verbunden. Die großvolumige Auspuffanlage sorgte über einen weiten Drehzahlbereich für möglichst geringen Staudruck, wobei allerdings eine gute Geräuschdämpfung Vorrang vor der Leistung hatte.

Elektrische Anlage, Lade- und Zündsystem

Herzstück der etwas moderneren 12-Volt-Anlage der /5-Modelle war ein Drehstromgenerator, wie er auch in Pkw verwendet wurde. Von BMW entwickelt und von Bosch gefertigt, lieferte der auf dem vorderen Kurbelwellenende montierte Generator mit der Bezeichnung G1 14V 13A19 bescheidene 180 Watt oder einen maximalen Ladestrom von 13 Ampere. Eine darüber angebrachte Diodenplatte wandelte die Wechselspannung des Generators in Gleichspannung um; die Ladeleistung regelte ein Bosch-Regler des Typs 1/14V. Eine kleine 15-Ah-Batterie von Varta vervollständigte das System.

Erste Änderungen an der elektrischen Anlage der /5 erfolgten im Herbst 1970 (R 50/5 ab Fahrgestellnummer 2901772, R 60/5 ab Nummer 2911336, R 75/5 ab Nummer 2971545), als BMW neue, flexiblere Batteriekabel verwendete. Fast gleichzeitig wurde auch ein verbesserter Generatorrotor eingeführt (R 50/5 ab Nummer 2901772, R 60/5 ab Nummer 2932606, R 75/5 ab Nummer 2973649).

Die Batteriespulenzündung der /5 wurde über einen einzelnen Unterbrecherkontakt unter dem vorderen Motordeckel gesteuert. Der Unterbrechernocken auf dem vorderen Ende der Nockenwelle bildete mit dem Fliehkraftregler von Bosch eine Einheit. Bei 800 min^{-1} begann die Frühverstellung der Zündung und erreichte bei ca. 2500 min^{-1} ihren Maximalwert. Zwei 6-Volt-Zündspulen in Reihe erzeugten den Zündfunken. Die 550 mm langen Zündkabel hatten Widerstands-Zündkerzenstecker von Bosch oder Beru mit einer Metallabschirmung. R 50/5 und R 60/5 verwendeten Zündkerzen von Bosch W230 T1 oder Beru 230/14/3A, die R 75/5 die Typen Bosch W200 T30, Champion N7Y oder Beru 200/14/3A.

Startsystem

Ein elektrischer Anlasser war bei R 60/5 und R 75/5 serienmäßig und konnte bei der R 50/5 gegen Aufpreis bestellt werden. Der Bosch-Anlasser Typ DF12 war als Reihenschlussmotor ausgeführt. Er leistete 0,5 PS und war mit dem transistorgesteuerten Anlasserrelais unter der oberen Motorabdeckung eingebaut. Ein Druckknopf am rechten Lenkerende aktivierte das Anlasserrelais, das den Strom zum Magnetschalter des Anlassers schaltete. Alle /5-Modelle hatten zudem einen Kickstarter, der sich hinten links am Getriebe befand und in die Getriebeantriebswelle eingriff.

Trotz kleiner Batterie war das elektrische Startsystem der /5 recht zuverlässig. Es erhöhte aber auch das Fahrzeuggewicht um 23 kg. An einigen frühen /5-Exemplaren führten Probleme mit dem Anlasserrelais zum Einspuren des Anlasserzahnrads bei laufendem Motor. Dieser Fehler wurde jedoch schnell abgestellt.

Kupplung

Kurbelwelle und Getriebeantriebswelle verband eine Trockenkupplung mit 180 mm Durchmesser. Eine Membranfeder sorgte für die erforderliche Anpresskraft der Druckplatte auf die mit aufgeklebten Belägen 6 mm dicke Reibscheibe, die verschiebbar auf die Keilverzahnung der Getriebeantriebswelle aufgesteckt war. Die Feder der kleineren Modelle hatte eine Materialdicke von 2,4 mm und eine Höhe von

Die Zündkerzenstecker hatten eine Metallabschirmung und wurden von Bosch oder Beru geliefert.

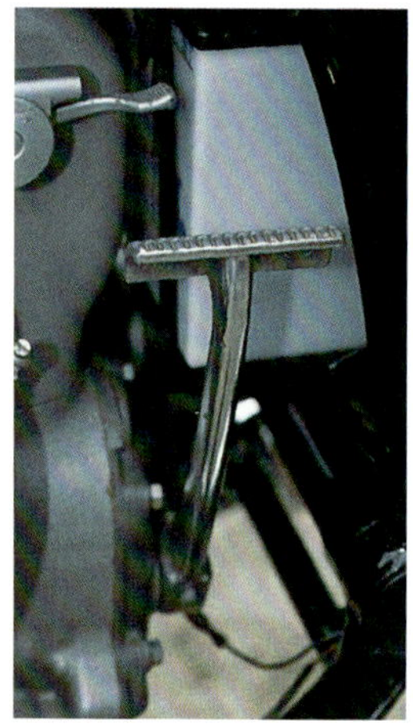

Serienmäßig hatten nur R 60/5 und R 75/5 einen elektrischen Anlasser, aber alle /5-Modelle einen Kickstarter auf der linken Seite am Getriebeende.

17 mm, während die stärkere Feder der R 75/5 2,6 mm dick und 19 mm hoch war. Eine weitere mit dem Schwungrad verschraubte und der Druckplatte verschweißte Metallmembran übertrug einen Teil des Motordrehmoments und die axiale Bewegung der Druckplatte. Zum Ausrücken der Kupplung hob ein Hebel auf der Getrieberückseite über eine durch die Getriebeantriebswelle verlaufende Ausrückstange die Druckplatte gegen die Kraft der Kupplungsfeder von der Reibscheibe ab.

Getriebe

Das /5-Getriebe trug wie der Motor intern die Typnummer 246. Es war ein 4-Gang-Getriebe mit drei Wellen und direkt an das Motorgehäuse angeflanscht. Die drei kugelgelagerten Wellen hießen im BMW-Sprachgebrauch Antriebswelle, Zwischenwelle und Abtriebswelle. Auf Zwischen- und Abtriebswelle befanden sich insgesamt vier Zahnradpaare, die permanent im Eingriff waren, wobei die Zahnräder auf der Abtriebswelle frei drehen konnten. Zum Einlegen eines Gangs wurde das frei drehende Rad der jeweiligen Gangstufe über eine Schaltmuffe mit der Abtriebswelle verbunden. Auf der Antriebswelle saß zusätzlich als Ruckdämpfer ein federbelasteter Nocken, der in ein entsprechendes Gegenstück eingriff. Bei hohen Drehmomenten konnten sich die beiden Teile gegen die Federkraft leicht bewegen. Obwohl sich das Getriebe weicher schalten ließ als frühere Versionen, hatte es noch seine Eigenarten und wur-

GETRIEBEÜBERSETZUNGEN /5-MODELLE

ERSTER GANG	3,896
ZWEITER GANG	2,578
DRITTER GANG	1,875
VIERTER GANG	1,50

ENDANTRIEBSÜBERSETZUNGEN /5-MODELLE

MODELL	ZÄHNEZAHL	
R 50/5	9:32	3,56
R 60/5	11:37	3,36
R 75/5 (1970)	11:32	2,91
R 75/5 (1971 – 1973)	10:32	3,2

Wie schon bei der /2-Baureihe verlief auch bei der /5 die Hinterradantriebswelle innerhalb des rechten Schwingenarms. Diese R 60/5 von Ende 1971 (Fahrgestellnummer 2938848) ist angeblich bereits ein Modell von 1972, weist aber noch viele Komponenten von 1971 auf.

Die Teleskopgabel der /5 mit vorverlegter Radachsenaufnahme wurde von den /2-US-Modellen der Baujahre 1967 – 69 übernommen. Die Radnabe war auf der gegenüberliegenden Seite der Bremse mit einer verchromten Abdeckung versehen.

de während der folgenden Jahre ständig modifiziert.

Optional war ein enger abgestuftes Sportgetriebe erhältlich.

Hinterradantrieb

Die Kraftübertragung vom Getriebe erfolgte über eine gekapselte Antriebswelle im rechten Schwingenholm, der zur Schmierung mit Öl gefüllt war. Am getriebeseitigen Ende saß ein nadelgelagertes Kardangelenk an der Antriebswelle, das mit einem Flansch auf der Getriebeabtriebswelle verschraubt war, welcher über einen Konussitz auf dem Zapfen der Abtriebswelle befestigt war. Hinterradseitig hatte die Antriebswelle eine innenverzahnte Hülse, die über ein Gegenstück am Hinterradantrieb aufgeschoben wurde und den Längenausgleich beim Ein- und Ausfedern ermöglichte.

Das eigentliche Hinterachsgetriebe war wie bei den /2-Modellen ein Kegelradsatz mit Klingelnberg-Palloid-Verzahnung. Für bestmögliche Fahrleistungen erhielt jede /5-Version eine eigene Endübersetzung.

Rahmen und Schwinge

Auch das neue Fahrwerk trug die Bezeichnung 246. Kernstück war ein neuer, leichter, zweiteiliger Rahmen. Erstmals (mit Ausnahme der US-Versionen des Vorgängermodells) hatte ein BMW-Serienmotorrad keine Aufnahmevorrichtungen mehr für den

Anschluss eines Seitenwagens. Der Rahmen bestand aus Rohren mit verschiedenen Querschnitten, deren Stärke und Durchmesser großzügig auf die zu erwartenden Belastungen im jeweiligen Rahmenbereich bemessen wurde.

Von einem kräftigen doppelwandigen Zentralrohr (45 x 3 mm) zweigten zwei Rahmenschleifen ab, deren Rohrquerschnitte zwischen 28 x 1,5 mm und 32 x 3 mm variierten. Den Lenkkopf bildete ein Rohr der Dimension 46 x 4,5 mm; 4 mm dicke Knotenbleche zwischen Lenkkopf und Rahmenschleifen sorgten für die erforderliche Torsionssteifigkeit und erlaubten dennoch eine gewünschte Elastizität in Längsrichtung. Um die Tankkapazität nicht zu sehr einzuschränken, fiel der Rahmen im oberen Bereich recht schmal aus. Die Rahmen wurden mit Schutzgas (Argon) geschweißt und wogen laut BMW etwas über 11 kg. Das leichte Rahmenheck war mit vier 8-mm-Schrauben am Hauptrahmen befestigt, der Motor mit zwei durchgehenden Stehbolzen mit den Rahmenschleifen verschraubt. Nicht überzeugend verwindungssteif, blieb der Rahmen dennoch bis zur Produktionseinstellung 1996 weitgehend unverändert.

Entwicklungschef von der Marwitz glaubte fest, eine zu steife Rahmenausführung sei für ein Straßenmotorrad nachteilig – sein Ergebnis empfanden manche hingegen als zu nachgiebig. Die aufkommenden Stabilitätsprobleme löste man durch Reifen mit steiferen Flanken. Auch die kurze, über einstellbare Kegelrollenlager im Rahmen gelagerte Schwinge beeinflusste die Fahrstabilität und wurde 1973 verlängert.

Das Typenschild aus Aluminium befand sich vorn am Lenkkopf, die Fahrgestellnummer war rechts davon eingeschlagen.

Radaufhängung

Für die /5-Modelle verwendete BMW die gleiche Teleskopgabel wie an den US-Modellen von 1967. Fichtel und Sachs fertigte die Gabel nach BMW-Vorgaben. Aber die Lenkkopflager waren jetzt hochwertige Kegelrollenlager und keine käfiglosen Kugellager. Die hartverchromten Standrohre hatten einen Durchmesser von 36 mm. Der Federweg betrug 208 mm, der Nachlauf lag bei 93 mm.

Faltenbälge mit 13 Segmenten schützten die Standrohre vor Steinschlag, eine zusätzliche Verbindung der Gleitrohre aus Stahlrohr erhöhte die Torsionssteifigkeit. Die obere Gabelbrücke war aus Stahlblech gefertigt, die untere ein geschmiedetes Aluminiumbauteil. Alle /5-Modelle hatten Reibungslenkungsdämpfer, erkennbar am Einstellknopf über der Zentralmutter des Lenkrohrs. Als Zubehör war ein wirksamerer hydraulischer Lenkungsdämpfer erhältlich.

Die ersten Teleskopgabeln sprachen schlecht an, modifizierte Dämpferbauteile wurden ab 1972 eingeführt. Die weichen Gabelfedern tauchten beim Bremsen stark ein, daher gab es härtere Federn und geänderte Dämpferringe zum Nachrüsten.

An allen /5-Modellen waren die Teleskopgabeln mit Faltenbälgen versehen. Für höhere Verwindungssteifigkeit sorgte ein verchromter Stahlbügel, der die beiden Gleitrohre miteinander verband.

Über einen schwarzen Drehknopf konnte der Reibungslenkungsdämpfer verstellt werden. Die relativ nachgiebige obere Gabelbrücke aus Pressstahl war eine Schwachstelle in der Vorderradaufhängung.

Aluminiumhülsen schützten die schwarz lackierten Federn der Boge-Federbeine.

Über einen Seilzug wurde die neue Duplexbremse im Vorderrad betätigt. Ebenfalls neu an der /5 waren die Speichen.

Beide Radnaben waren auf der linken Seite mit Chromblenden versehen.

Zwei 316 mm lange Boge-Federbeine mit 125 mm Federweg stützten die Hinterradschwinge am Rahmen ab. Die durch Aluminiumhülsen teilabgedeckten, schwarz gefärbten Federn konnten über einen Hebel an der unteren Federauflage vorgespannt werden.

Der Dämpferinnendruck lag im Ruhezustand bei 2,4 – 3,1 bar.

Räder, Reifen und Bremsen

Die hochwertigen Aluminiumfelgen (1,85B x 19 vorn und 1,85B x 18 hinten) mit je 40 4-mm-Speichen verliehen den /5-Modellen einen eleganten Auftritt. Gegenüber den /2-Felgen waren die Speichen modifiziert, damit die Speichenköpfe nicht abrissen. 1973 wurde die Speichenausführung nochmals geändert.

BMW verzichtete auf Reifenhalter, stattdessen waren die Felgen auf der Innenseite am Felgenhorn so profiliert, dass es sich in den Reifenwulst drückte und ein Drehen des Reifens auf der Felge verhinderte. Die Radlager waren mit Wellendichtringen abgedichtete Kegelrollenlager, die Vorderachse hatte 14 mm Durchmesser. Stabilitätsprobleme an den frühen /5-Modellen führten zu einer Vorgabe von besonderen Reifen von Continental und Metzeler: 3.25 - 19 mit Längsrillenprofil für das Vorderrad und 4.00 - 18 mit Universalprofil für das Hinterrad.

Beide Radnaben aus Aluminiumguss hatten verstärkte eingegossene Bremsringe aus Grauguss und große Rippen an der Außenseite zur Versteifung und Kühlung. Im Vorderrad war eine Duplexbremse (zwei auflaufende Bremsbacken) mit 200 mm Durchmesser und 30 mm Bremsbelagbreite. Im Hinterrad war die Bremse gleich dimensioniert, aber in Simplexausführung (jeweils eine auf- und ablaufende Bremsbacke). Die linke Seite der Radnabe trug vorn und hinten eine verchromte Abdeckung.

Unten links: Qualitativ hochwertige Magura-Hebel und ein aufwändiger Gasdrehgriff zeichneten die /5-Modelle aus.

Unten rechts: Die Magura-Hebel waren in reibungsarmen Teflonbuchsen gelagert.

Trotz schmalerer Bremsbeläge bremsten die /5-Modelle deutlich wirkungsvoller als die /2-Baureihe. Das Material der aufgeklebten Beläge war Anfang der 60er Jahre für Porsche entwickelt worden.

Statt die beiden Bremshebel über ein Gestänge zwischen ihren Wellen in die gleiche Richtung zu bewegen, zog der direkt in die Hebel eingehängte Bremsseilzug sie beim Ziehen des Handbremshebels aufeinander zu. Dieses sehr gut wirkende Prinzip ermöglichte bei richtiger Einstellung absolut angemessene Verzögerungswerte. Die Hinterradbremse betätigte ein Gestänge.

Der große Kraftstofftank der /5-Modelle von 1970 bis 1971 hatte handgezogene Zierlinien und Kniekissen aus Gummi.

Die /5 war das letzte BMW-Motorrad mit einem emaillierten Tankemblem.

Serienmäßig war der verchromte aufklappbare Tankdeckel nicht abschließbar.

Lenker, Hebel und Spiegel

Anfänglich gab es zwei Lenkerausführungen für die /5-Modelle: serienmäßig ein 600 mm breiter Lenker, optional eine höhere Ausführung mit 680 mm Breite, welche die US-Modelle ab Werk erhielten. Die Lenker waren mit zwei Aluminiumklemmböcken ähnlich denen der US-Modelle mit Teleskopgabel (R 50, R 60 und R 69) auf der oberen Gabelbrücke befestigt.

Die sehr hochwertigen Lenkerarmaturen der /5 entsprachen jenen der letzten /2-Modelle. Die Handhebel von Magura aus geschmiedetem Aluminium hatten griffgünstige Fingermulden und waren in reibungsarmen Teflonbuchsen gelagert, mit zwischen Hebel und Aufnahme eingelegten Wellscheiben für eine spielfreie axiale Führung. Die Drehbewegung des Gasgriffs setzten wie bei der R 50/R 60/R 69 ein Winkeltrieb, ein Nocken und eine kleine Kette in eine Zugbewegung um, allerdings mit geänderter Übersetzung zur schnelleren und progressiven Öffnung der Schieber bzw. Drosselklappen. Neu war eine Gummiabdeckung am Seilzugeintritt in das Drehgriffgehäuse.

In Serie erhielten die /5-Modelle nur einen verchromten runden Rückspiegel, obwohl beide Lenkerarmaturen die dafür vorgesehene Gewindebohrung aufwiesen. Neben Spiegeln mit langem Ausleger gab es auch eine kürzere Version für den höheren US-Lenker. Scheinbar wurden viele Ausführungen diskontinuierlich verwendet, und kein Spiegeltyp konnte über 120 km/h wirklich überzeugen.

Kraftstofftank und Kotflügel

Der 22 Liter fassende Kraftstofftank war mittels Flügelmuttern vorne auf einem Gummielement und hinten auf zwei Gummipuffern aufgeschraubt. Herausragend waren die Lackqualität und die Genauigkeit der handgezogenen Zierlinien. Beiderseits befanden sich ein aufgeklebtes Kniekissen aus Gummi und das mit zwei 4 x 8 mm Linsensenkkopfschrauben und einer Gummiunterlage aufgeschraubte, traditionell emaillierte BMW-Emblem. Der Tankdeckel konnte nur gegen Aufpreis abschließbar bestellt werden, so wie eine Ausführung des Tanks mit einem abschließbaren Werkzeugfach in der Oberseite ähnlich dem früherer BMW-Motorräder.

Der auf beiden Seiten weit über den Rahmen heruntergezogene Kraftstofftank benötigte auf jeder Tankseite einen Kraftstoffhahn. Bis zur /6-Baureihe von Everbest geliefert, waren sie an Gewindestutzen direkt am Tank angeschraubt. Nach 1973 verwendete BMW periodisch auch Benzinhähne von Karcoma und Germa, die alle untereinander austauschbar waren. Der Everbest-Kraftstoffhahn war nicht leicht zu reparieren und seine Korkdichtungen konnten die Kraftstoffleitung verstopfen.

BMW genießt zu Recht einen hervorragenden Ruf hinsichtlich der Lackqualität und Zierlinien, und beides war an der /5 ausgezeichnet.

Diesen abschließbaren Tankdeckel gab es gegen Aufpreis.

Durch die heruntergezogene Tankform der /5-Modelle war auf jeder Seite ein Benzinhahn erforderlich. Das Bild zeigt ein Exemplar des Herstellers Everbest.

Anfänglich gab es die /5 nur in den Farben Schwarz (mit weißen Zierlinien), Silbermetallic (mit blauen Zierlinien) und Weiß (mit schwarzen Zierlinien). Fast alle 1970 und 1971 in die USA gelieferten /5 waren schwarz.

Zur Gewichtsreduzierung waren die Kotflügel der /5-Modelle aus glasfaserverstärktem Kunststoff hergestellt und in der Tankfarbe mit den entsprechenden Zierlinien lackiert. Manchmal hatten die Zierlinien der Kotflügel dabei nicht dieselbe Farbe wie jene auf dem Tank – ein Indiz für die noch stark handwerklich geprägte Fertigung der /5.

Sitzbank, Embleme und Rahmenanbauteile

Unter der nach rechts aufklappenden Denfeld-Doppelsitzbank befand sich ein abschließbares Staufach, in dessen Schloss auch der Schlüssel des Neimann-Lenkschlosses passte. Auf beiden Seiten war ein verchromter Soziushaltebügel befestigt, an der Sitzbankrückseite aber keine Typenbezeichnung. Optional war eine Einzelsitzbank mit abschließbarem Staufach erhältlich.

Denfeld lieferte auch die runden Fußrastengummis. Serienmäßig waren ein Haupt- und ein Seitenständer, die Seitenstütze der Baujahre 1970 und 1971 musste manuell eingeklappt werden. Um das Aufbocken auf den Hauptständer zu erleichtern, war ein verchromter Griff nahe des Sitzbankschlosses angebracht. Zur Milderung von Sturzfolgen konnten Zylinderschutzbügel gegen Aufpreis bestellt oder nachgerüstet werden. Weiteres Zubehör waren ein Gepäckträger, Gepäcktaschen aus Leder, Gepäckkoffer aus Kunststoff und ein schwarzer Spritzlappen mit BMW-Logo.

MASSE, GEWICHTE UND FAHRLEISTUNGEN /5-MODELLE

	R 50/5	R 60/5	R 75/5
BREITE	740 MM	740 MM	740 MM
SITZHÖHE	850 MM	850 MM	850 MM
LÄNGE	2100 MM	2100 MM	2100 MM
LÄNGE (AB 1973)	2149 MM	2149 MM	2149 MM
RADSTAND	1385 MM	1385 MM	1385 MM
RADSTAND (AB 1973)	1435 MM	1435 MM	1435 MM
GEWICHT	187 KG	192 KG	192 KG
GEWICHT VOLLGETANKT	205 KG	210 KG	210 KG
HÖCHSTGESCHWINDIGKEIT	155 KM/H	165 KM/H	175 KM/H
BESCHLEUNIGUNG VON 0 – 400 M	17,2 S	15,8 S	14,6 S

Bordwerkzeug und Betriebsanleitung

Jede /5 wurde mit einer modellspezifischen Betriebsanleitung in einer Kunststoffhülle ausgeliefert. Das umfangreiche Bordwerkzeug aus 22 Teilen (später waren es 26) umfasste sogar einen Putzlappen, Flickzeug und eine Luftpumpe – letztere in Aufnahmen unter der Sitzbank links am Heckrahmen eingesteckt. Bis 1984 war ein noch reichhaltigerer 33-teiliger Werkzeugsatz als Sonderausstattung bestellbar.

Elektrische Ausrüstung und Instrumente

Schaltereinheiten und Signalhorn

Am linken Lenkerende saß ein Hella-Dreiwegschalter, der Signalhorn, Fernlicht und Lichthupe betätigte. Die nicht abgesicherte Lichthupenschaltung konnte im ungünstigen Fall einen Kabelbrand auslösen. Blinker und Anlasser bediente ein Schalter auf der rechten Seite. Die harten Lenkergriffe aus Gummi stammten wieder von Magura.

Ein Relikt aus der Vergangenheit war der primitive Steckschlüssel, mit dem Zündung und Licht eingeschaltet wurden. Einen wirksamen Diebstahlschutz bot diese Lösung nicht, denn der Schlüssel passte bei allen /5-Modellen, ja an jedem BMW-Motorrad seit R 5 und R 12 von 1936. Es war also kein „Zündschlüssel", sondern mehr ein Not-Aus-Schalter, und hatte auch seine Vorteile. So konnte er problemlos auch mit dicken Handschuhen bedient werden und rastete leicht in die gewählte Position. Bei abgezogenem Zündschlüssel verschloss ein federbelasteter Deckel die Öffnung und verhinderte so das Eintreten von Schmutz und Wasser.

Die Modelle ab 1970 waren serienmäßig mit einem Signalhorn von Bosch (Ersatzteilnummer 0320 123013) ausgerüstet, gegen Aufpreis konnte ein zusätzliches Starktonhorn geordert werden.

Instrumente

Ein weiteres Überbleibsel vergangener Tage war die im Scheinwerfer integrierte Instrumenteneinheit. Das mit einer Glasscheibe abgedeckte Kombiinstrument von 76 mm Durchmesser enthielt einen mechanischen Drehzahlmesser und Tachometer mit Kilometerzähler sowie einige Kontrollleuchten: Fernlicht (blau), Leerlauf (grün), Öldruck (orange) und Generator (rot). Aus Platzgründen fehlte ein Tageskilometerzähler. Das Instrument von MotoMeter hatte ein schwarzes Zifferblatt mit weißen Zahlen,

Die /5-Modelle der Baujahre 1970 und 1971 hatten auf jeder Sitzbankseite einen verchromten Haltegriff für den Beifahrer, aber keine Batterieabdeckungen.

die relativ klein und schwierig abzulesen waren. Die Tachometerskala reichte von 20 bis 200 km/h (bzw. 10 bis 120 Meilen); die des Drehzahlmessers bis 8000 min^{-1} mit rotem Bereich ab 6800 min^{-1}.

An einigen Exemplaren fehlte der rote Bereich. Die Instrumente waren für jedes /5-Modell verschieden ausgelegt, weil der Tachoantrieb am Getriebeausgang saß und zur Endübersetzung passen musste. Nicht korrekt verlegte Seilzüge am Lenker beeinträchtigten die Ablesbarkeit des Instruments, besonders beim höheren US-Lenker.

Scheinwerfer, Rücklicht und Blinker

Der Scheinwerfer mit 160 mm Durchmesser stammte von Bosch (Ersatzteilnummer 0 303 550 002). Eine Bilux-Lampe mit 45/40 Watt war in den Metallreflektor eingesetzt, die Umrüstung auf H4 wurde als Option angeboten. Das rechteckige Rücklicht war von Hella, das der US-Modelle hatte ein abweichendes Rücklichtglas ohne den kreisförmigen Reflektor. Die Aluminiumgehäuse der ebenfalls rechteckigen Blinker waren bei den US-Modellen von 1970 und 1971 vorn und hinten mit seitlichen Reflektoren versehen.

R 50/5, R 60/5 und R 75/5, Modelljahr 1971

Nach dem ersten Modelljahr nahm BMW an der /5 nur wenige Änderungen vor.

Von Denfeld stammten die runden Fußrasten.

Zum Bordwerkzeug der luftgekühlten Boxermodelle gehörte eine Luftpumpe, die bei den Fahrzeugen mit zwei Federbeinen auf der linken Seite am Rahmenheck befestigt war.

Die Lenkerschalter von Hella waren etwas eigenwillig und nicht besonders ergonomisch geformt.

Sehr speziell war auch der altertümlich anmutende Zündschlüssel, der noch von der /2 stammte.

An frühen /5-Modellen war ein rundes und in der Mitte verchromtes Signalhorn vorhanden.

Ein weiteres Relikt aus der Vergangenheit war das MotoMeter-Instrument, das den Tachometer und den Drehzahlmesser beinhaltete. Die ins Scheinwerfergehäuse eingebaute orangefarbene Blinkerkontrollleuchte wurde erst 1971 eingeführt.

Neu war eine fünfte Kontrollleuchte – eine einzelne Anzeigeleuchte für beide Blinker, links neben dem Zündschalter im Scheinwerfer eingelassen. Meist war sie grün, in manchen Versionen auch orange.

Ab Fahrgestellnummer-Nr. 2977320 (Sommer 1971) erhielt die R 75/5 überarbeitete 32-mm-Gleichdruckvergaser von Bing und einen neuen Chokehebel mit stabileren Zügen. Im Vergaser waren die Führung des Kolbens (mit größerem Gehäusespiel), die Nadeldüse, die Membran (verstärkt) und der Vergaserdom (höher) geändert, was zu einem verbesserten Leerlaufverhalten führte. Die Bezeichnungen der Vergaser lauteten nun Bing 64/32/9 und 64/32/10.

Um die Beschleunigung zu verbessern, verkürzte BMW ab Fahrgestellnummer 2973204 die lange Endübersetzung der R 75/5 auf 3,2 (10:32). Die Übersetzungen von R 50/5 und R 60/5 blieben unverändert.

Ein neuer Fliehkraftregler für die Zündanlage mit Maximum der Zündverstellung bei 3000 min^{-1} wurde bei der R 50/5 ab Fahrgestellnummer 2901787, bei der R 60/5 ab Nummer 2932689 und bei der R 75/5 ab Nummer 2973302 eingeführt. Im Frühjahr 1971 (R 50/5 ab Nummer 2902093, R 60/5 ab Nummer 2933525 und R 75/5 ab Nummer 2975252) änderte man den nun mit fünf Gummielementen befestigten Batteriehalter.

R 50/5, R 60/5 und R 75/5 Modelljahr 1972

Für 1972 erfuhren die /5-Modelle eine umfangreichere Überarbeitung. Sehr umstritten war der neue kleinere Kraftstofftank mit seitlichen Chromblenden, vom Publikum abfällig „Toaster" genannt. Den „Toaster" gab es von September 1971 (R 50/5 ab Fahrgestellnummer 2903624, R 60/5 ab Nummer 2938705 und R 75/5 ab Nummer 2982741) bis August 1972 (R 50/5 ab Nummer 2905616, R 60/5 ab Nummer 2945288 und R 75/5 ab Nummer 2994267). Das kritisierte Design wurde 1973 wieder geändert.

Motor

Der Motor wurde wenig modifiziert. Er erhielt ab Februar 1972 eine verstärkte Kurbelwelle und neue Lagerschalen (R 50/5 ab Nummer 2904190, R 60/5 ab Nummer 2940740 und R 75/5 ab Nummer 2985208). Geändert wurde auch das Motorgehäuse, was dann bis Baujahr 1976 Bestand hatte. Bald danach sollten neue Nockenwellenlagerböcke und Anlaufscheiben die Motorgeräusche reduzieren (R 50/5 ab Fahrgestellnummer 2904721, R 60/5 ab Nummer 2942632 und R 75/5 ab Nummer 2989472). Die R 75/5 erhielt ab Nummer 2992320 auch Unterdruckanschlüsse an den Vergasern. Vereinzelt 1972, dann ab Modelljahr1973, und bis hin zur R 75/6 von 1974 waren an den R 75/5 die Ansaugrohre zwischen Luftfiltergehäuse und Vergaser schwarz statt silbern.

Diese schwarzen Ansaugrohre, ein Vorgriff auf Modelljahr 1973, erlaubten mehr Beinfreiheit, nur wenige R 75/5 von 1972 erhielten sie.

Die Modellbezeichnungen aus Aluminium auf dem oberen Bereich des Motorgehäuses hatten nun einen schwarzen Hintergrund. Die Auspuffkrümmer waren dünnwandiger (38 x 1 mm), und einige der letzten US-Modelle hatten geschlitzte Hitzeschutzbleche darüber.

Zwar hatte der 160 mm große Bosch-Scheinwerfer nur eine 12V 45/40Watt-Glühlampe, aber die Lichtausbeute war gegenüber der /2 deutlich verbessert.

Kraftstofftank, Batterieabdeckungen und Sitzbank

Wichtigste Designänderung für das Baujahr 1972 war ein neuer 17-Liter-Kraftstofftank mit auffallenden seitlichen Chromblenden, passend dazu waren auch die Batterieabdeckungen verchromt. Zur Auflockerung der Chromflächen hatten die Tankblenden drei lackierte Streifen, die Batterieabdeckungen vier. 1972 gab es auch mehr Farben: Monzablau-metallic (mit weißen Streifen), Gold-metallic (mit schwarzen Streifen), Rot (mit weißen Streifen) und Grün-metallic (mit weißen Streifen). Die meisten US-Modelle in 1972 waren schwarz, blau oder silberfarben und hatten schwarze oder blaue Streifen auf den Chromteilen. Es gab scheinbar keine feste Regel bei der Farbe der Streifen, aber sie sollten mit der Tankfarbe harmonieren.

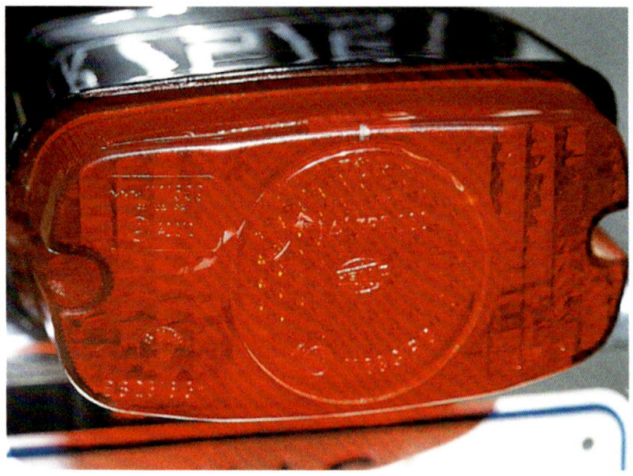

Ein Rücklichtglas in europäischer Ausführung, erkennbar an dem integrierten runden Reflektor in der Mitte.

Neben dem kleineren Kraftstofftank erhielt die /5 eine neue Sitzbank. Sie hatte einen umlaufenden durchgehenden Beifahrerhaltegriff und ein Typenemblem am hinteren Ende. Ein weißer Keder im Sitzbankbezug folgte dem Verlauf des Haltegriffs, längs verlaufende Zierleisten markierten das untere Sitzbankende.

Die US-Rücklichtgläser unterschieden sich von den europäischen Ausführungen.

Lenker, Spiegel, Reflektoren, Signalhorn und Seitenständer

Zu einem etwas breiteren Lenker (650 mm) erhielten viele, aber nicht alle /5-Modelle des Baujahrs 1972 zwei Spiegel. Der Lenker der US-Modelle war weiter etwas höher und 680 mm breit. Die Blinker der europäischen und US-amerikanischen Versionen wurden vereinheitlicht. Die seitlichen Reflektoren nach USA-Vorschrift waren vorn an der generell geänderten Scheinwerferhalterung und hinten an der Kennzeichenaufnahme befestigt. Viele Exemplare erhielten ein Hella B31-Signalhorn mit verchromtem Abdeckgitter wie das ebenfalls in diesem Jahr verwendete Bosch-Horn. Ab diesem Baujahr schnappte auch die Seitenstütze selbsttätig ein.

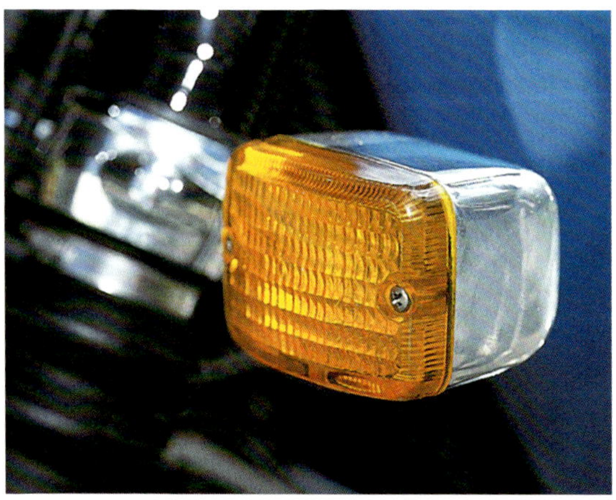

Das Gehäuse der rechteckigen Hella-Blinker war aus Aluminium hergestellt.

Radaufhängung

Eine der wichtigen Verbesserungen des Modelljahres 1972 war eine feinfühliger ansprechende Teleskopgabel. Ein dreiteiliges schwimmend gelagertes Dämpferelement ersetzte die fixierte Hülse. Ihr nun beweglicher mittlerer Dämpferring saß zwischen zwei äußeren Gewinderingen und wurde von diesen geführt. Die Stoßdämpfer der hinteren Federbeine waren unverändert, ihre Federn aber nun verchromt. Dabei blieb es auch für das Baujahr 1973.

An den Fahrzeugen der Baujahre 1971 und 1972 waren die Schriftzüge der Typenbezeichnungen auf dem Motorgehäuse poliert und hatten einen aluminiumfarbenen Hintergrund.

Den umstrittenen Chromblenden auf dem Tank verdankten die /5-Modelle des Baujahrs 1972 den Spitznamen „Toaster".

Neben den Tankblenden waren auch die Batterieabdeckungen verchromt. Die Vertiefungen waren in einer passenden Farbe zum Tank lackiert.

Die Sitzbänke der Baujahre 1972 und 1973 hatten einen größeren und umlaufenden Beifahrerhaltegriff sowie ein Typenemblem auf der Rückseite.

Räder

Trotz unveränderter Reifengrößen erhielten ab Oktober 1971 alle /5-Modelle (R 50/5 ab Fahrgestellnummer 2903756, R 60/5 ab Nummer 2939207 und R 75/5 ab Nummer 2983280) eine breitere Hinterradfelge der Bezeichnung WM3 2,15B x 18.

R 50/5, R 60/5 und R 75/5; Modelljahr 1973

Auch 1973 gab es erneut Veränderungen. Die auffallendste Neuheit war ab Januar 1973 eine längere Schwinge. Ab Juni 1973 erhielt die R 75/5 eine Distanzhülse an der hinteren Motorbefestigung, die spätere Modelle ab /6 beibehielten. Neben den von Butler and Smith importierten eigentlichen US-Modellen fanden einige /5-Modelle des italienischen Importeurs den Weg in die USA. Sie hatten abweichende Reflektoren, die hinteren mangels Halter an der Kennzeichenaufnahme am Kotflügel festgeklebt.

Motor

Die /5-Motoren erhielten eine neue Nockenwelle mit nun gleich großen Scheibenfedern für Nockenwellenrad und inneren Ölpumpenrotor (3,0 x 5,0 mm). Modifiziert war auch der ab November 1972 verbaute Fliehkraftversteller der Zündung (R 50/5 ab Fahrgestellnummer 2905857, R 60/5 ab Nummer 2946096 und R 75/5 ab Nummer 2996220). Die Zündverstellung begann nun erst bei 1550 min^{-1} und erreichte wieder bei 3000 min^{-1} ihr Maximum.

Fahrwerk

Das eigenwillige Design von 1972 stieß bei der Kundschaft nicht überall auf Wohlwollen und wurde 1973 wieder traditioneller und konservativer. Der bekannte 24-Liter-Tank mit seitlichen Gummikniekissen war wieder montiert, der kleinere 17-Liter-Tank wurde ohne Chromblenden und ebenfalls mit Gummikissen als Option angeboten. Gegen Aufpreis waren auch Batterieabdeckungen erhältlich, die nicht mehr verchromt, sondern blau oder schwarz lackiert waren.

1973 gab es eine neue obere Gasgriffabdeckung und ein neues Rücklichtglas von Hella für die US-Modelle. Bald nach Produktionsanlauf der 1973er Modelle, ab Oktober 1972, ersetzte eine große Sechskantmutter die mit Einkerbungen versehene runde Mutter zur Einstellung des Lenkkopflagers (R 50/5 ab Nummer 2905828, R 60/5 ab Nummer 2946037 und R 75/5 ab Nummer 2995073).

Die längere Schwinge erhielten R 50/5 ab Nummer 2906304, R 60/5 ab Nummer 2947966 und R 75/5 ab Nummer 2997986. Sie verlängerte den Radstand um 50 mm und verbesserte Geradeauslauf und Fahrstabilität.

Dass sie auch den Freiraum zwischen Fahrerschienbeinen und Vergasern vergrößert hätte wie behauptet, kann nicht sein, denn die Fußrasten waren an der gleichen Stelle wie zuvor befestigt. Die

größere Beinfreiheit wurde durch die neu geformten schwarzen Ansaugrohre erreicht.

Bei den ersten /5-Exemplaren mit längerem Radstand wurde die Schwinge versuchsweise durch eine eingeschweißte Hülse verlängert und der Hinterradkotflügel provisorisch neu befestigt. Die Serien-/5 erhielten jedoch eine neu angefertigte längere Schwinge.

Außer der Schwinge wurden auch Sitzbank, Rahmenheck, die Strebe der Bremsankerplatte und die hintere Kotflügelbefestigung verlängert. Zudem erhöhte sich die Ölfüllmenge in der Schwinge von 100 cm³ auf 150 cm³ (Hypoidöl SAE 90).

Der längere Radstand verbesserte deutlich den Geradeauslauf der /5, verringerte die Pendelneigung und begünstigte durch bessere Gewichtsverteilung das Fahrverhalten in Kurven. Der größere Freiraum hinter dem Motor erlaubte den Einbau einer stärkeren Batterie mit 16 Ah. Fast gleichzeitig mit Einführung der verlängerten Schwinge wurde die neue /6-Baureihe angekündigt – diese Modifizierung war offensichtlich für die neuen leistungsstärkeren Modelle R 90/6 und R 90 S erforderlich.

Räder

Um Probleme mit abreißenden Speichenköpfen im Hinterrad zu lösen, verlegte BMW ab September 1972 die Hinterradspeichen um 1,5 mm nach links und verwendete eine neue Speichenausführung, die sich bei korrekter Vorspannung nicht drehte (R 50/5 ab Fahrgestellnummer 2905646, R 60/5 ab Nummer 2945366 und R 75/5 ab Nummer 2994445).

Zusammenfassung

Am 28. Juli 1973, nur drei Tage nach dem Bau des 500.000sten BMW Motorrads (einer R 75/5) wurde die Produktion der /5 eingestellt, und das letzte Exemplar verließ Spandau. Im Oktober 1973 löste die

Ein restauriertes Exemplar einer R 75/5 von 1973 (Fahrgestellnummer 4002607). Dieses Fahrzeug ist mit der längeren Schwinge, Batterieabdeckungen und dem größeren Tank aus dem BMW-Zubehörprogramm ausgerüstet. Bis auf die hinteren Federbeine ohne Abdeckkappen entspricht das Motorrad dem zeitgenössischen Originalzustand.

Ab 1972 deckte ein verchromtes Gitter die Schallaustrittsöffnung des Signalhorns ab.

Das Typenemblem auf dem Motorgehäuse erhielt ab 1973 einen schwarzen Hintergrund.

nächste BMW Motorradgeneration – die /6-Baureihe – die /5-Baureihe ab.

Während ihrer vierjährigen Bauzeit übertraf die /5 alle Erwartungen. Fast 69.000 produzierte /5-Modelle entsprachen fast der gesamten Produktion der Modelle R 50, R 60 und /2 von 1955 bis 1969. Mit dieser Baureihe lebten nicht nur die traditionellen BMW-Werte wie unvergleichlicher Tourenkomfort und höchste Zuverlässigkeit weiter, die /5 (besonders die R 75/5) bot auch akzeptable Fahrleistungen. Trotz der anfänglichen Kritik am einfachen Rahmenkonzept mit dem angeschraubten Rahmenheck stellte sich heraus, dass die /5 ein besseres Fahrverhalten hatte als jedes zuvor gebaute BMW-Motorrad. Zu den verbesserten Fahreigenschaften kam der hohe Qualitätsanspruch bei Entwicklung und Fertigung. Nur wenige Details der /5 erschienen nicht mehr zeitgemäß. 1973 waren Tachometer und Drehzahlmesser in einem Kombiinstrument und der Universalzündschlüssel eindeutig überholt, die Zeit von Scheibenbremse und 5-Gang-Getriebe war angebrochen.

Vielleicht weil sie in manchen Punkten so herrlich altmodisch wirkt, ist die /5 zu einem gesuchten Motorrad geworden. An ihrer Funktionalität gibt es nur wenig zu kritisieren, und die /5 ist so zuverlässig wie die meisten späteren BMW-Modelle. Der Motor verliert kein Öl, das 4-Gang-Getriebe funktioniert angemessen, der Drehmomentverlauf ist recht harmonisch. Für die meisten Fahrsituationen reichen die Trommelbremsen vollkommen aus, die Modelle mit längerem Radstand warten mit gutem, den Baureihen /6 und /7 ebenbürtigen Geradeauslauf und Handling auf.

Viele Merkmale, die an Motorrädern aus den frühen 70er Jahren so interessant sind, finden sich auch bei der /5. Etliche Bauteile, die bei der /5 noch aus Metall waren, sind aus wirtschaftlichen Gründen bei späteren Modellen aus Kunststoff. Die /5 war das letzte BMW-Motorrad mit emaillierten Tankemblemen, und die Lack- und Chromqualität und die Passgenauigkeit der Teile waren für ein in so hohen Stückzahlen produziertes Motorrad herausragend. All diese kleinen Details haben zum Klassikerstatus der /5 beigetragen und aus ihr eines der gesuchtesten modernen BMW-Motorräder gemacht. Spätere Modelle mögen bessere Fahreigenschaften bieten, verloren aber viel durch ihre wirtschaftlichere Produktion.

PRODUKTIONSZAHLEN /5-MODELLE

MODELL	PRODUKTIONSZEITRAUM	1969	1970	1971	1972	1973	GESAMT
R 50/5	11/69 - 04/73	399	2053	1737	2130	1546	7865
R 60/5	09/69 - 04/73	666	4116	6645	6564	4730	22.721
R 75/5	10/69 - 08/73	540	6118	10390	12428	8849	38.370

Kapitel 3

R 90S (1974 bis 1976)

Nur wenige Motorräder sind schön und gleichzeitig so zweckmäßig wie die R 90 S. Dieses restaurierte Exemplar aus dem Jahr 1976 ist im Besitz des Autors.

War die /6-Baureihe eine Weiterführung des bewährten /5-Konzeptes, so schlug BMW mit der R 90 S eine völlig neue Richtung ein. Sie hatte nicht nur ein neuartiges sportliches Design, sondern auch die entsprechenden Fahrleistungen. Erstmals konnte ein BMW-Serienmotorrad es mit den Konkurrenten aus Japan, Italien oder England aufnehmen. Man kann die R 90 S als das erste Superbike von BMW bezeichnen, mit dem sich die Marke von ihrem konservativen Image befreite.

R 90 S, Modelljahr 1974

Den Anstoß zum Bau des BMW-Superbikes gab Bob Lutz, Marketing-Chef von BMW America und angeblich auch Ideengeber für den „Toastertank" der /5. Über den Tank waren die Meinungen uneins, aber die R 90 S schlug trotz ihres stolzen Preises von ca. DM 9000 ein wie eine Bombe. Eigentlich eine fast serienmäßige R 90/6, machte Designer Hans A. Muth sie zu einem der aufregendsten je gebauten BMW-Motorräder und einem ästhetischen Triumph in jeder Hinsicht.

Motor und Antrieb

Der für die /6-Baureihe überarbeitete M04*-Motor erhielt die interne Bezeichnung Typ 247. Die wesentliche Änderung war das angeflanschte 5-Gang-Getriebe.

Auf diesem Bild wird deutlich, warum die 1973 vorgestellte R 90 S damals eine Sensation darstellte. Dieses unrestaurierte Exemplar von 1974 (Fahrgestellnummer 4073237) befindet sich noch fast im Originalzustand. Der Motor der R 90 S (und auch die /6-Motoren) erhielten einen verrippten vorderen Motordeckel.

FAHRGESTELLNUMMERN R 90 S

MODELL	NUMMERN	MODELLJAHR	PRODUKTIONSZEITRAUM
R 90 S	4070001 BIS 4080000	1974	09/73 BIS 08/74
R 90 S	4080001 BIS 4090000	1975	09/74 BIS 08/75
R 90 S	4090001 BIS 4100000	1976	09/75 BIS 08/76
R 90 S (USA)	4950001 BIS 4960000	1974	09/73 BIS 08/74
R 90 S (USA)	4980001 BIS 4990000	1975	09/74 BIS 08/75
R 90 S (USA)	4990001 BIS 4991260	1976	09/75 BIS 08/76

MOTORDATEN R 90 S

BOHRUNG (MM)	HUB (MM)	HUBRAU (CM³)	VERDICHTUNG	LEISTUNG
90	70,6	898	9,5:1	67 PS BEI 7000 MIN^{-1}

Da das neue Getriebe leichter war, wog die komplette R 90 S-Antriebseinheit mit Anlasser und Vergasern, ohne Zündspulen und Ansaugsystem mit 62,5 kg weniger als die der R 75/5. Der R 90 S- Motor war bis auf höhere Verdichtung und größere Vergaser identisch mit dem R 90/6-Motor (siehe Kapitel 4).

Kurbelgehäuse

Das eigentliche Kurbelgehäuse war das der 1973er R 75/5, aber mit verstärktem vorderem Kurbelwellenlagerschild. Neu bei allen /6-Motoren waren das Generatorgehäuse und der vordere Motordeckel. Er hatte nun fünf senkrechte Rippen an der Stirnseite und auf jeder Seite unten drei Belüftungsöffnungen. Leicht überarbeitet war der Nockenwellenantrieb; im Schmiersystem war der Innenrotor der Eaton-Ölpumpe neu. Das Rückschlagventil der Kurbelgehäuseentlüftung musste an die mit dem Hubraum gewachsenen Druckpulsationen angepasst werden. Den R 90 S-Motor erkannte man an schwarzen seitlichen Emblemen mit silbernen und roten Lettern auf dem Motorgehäuse.

Kurbelwelle, Pleuel, Zylinder und Kolben

Die Kurbelwelle der R 90 S musste an die 90 mm großen Kolben angepasst werden, damals mit die größten in einem Serienmotorrad verbauten Kolben. Die Verstärkungen im vorderen Bereich machten die Öffnung des Kurbelgehäuses zu klein, um die Kurbelwangen einer konventionell ausgewuchteten Kurbelwelle durchschieben zu können. Der Radius der Kurbelwangen wurde angepasst und zum erforderlichen Massenausgleich Schwermetallstopfen mit 90prozentigen Wolframanteil eingepresst. Trotz der so verkleinerten Gegengewichte blieb es sehr eng und Aus- und Einfädeln der schweren Kurbelwelle durch die Kurbelgehäuseöffnung ein Geduldsspiel. Das Schwungrad war mit 32 mm langen Schrauben mit der Kurbelwelle verschraubt statt der 24 mm langen Schrauben bei der R 75/5. Zur besseren Wärmeabstrahlung waren die Zylinder der R 90 S schwarz lackiert.

Zylinderköpfe und Nockenwelle

Die Zylinderköpfe der R 90 S unterschieden sich im Detail von den R 75/5-Köpfen.

Luftgekühlte BMW Boxer

Der Ventilwinkel und das 42 mm große Einlassventil wurden beibehalten, der Durchmesser des Auslassventils auf 40 mm vergrößert. Ventillänge (98,8 mm) und Schaftdurchmesser (8 mm) blieben gleich, als Werkstoff wurde die hochfeste Stahllegierung Nimonic verwendet. Verkürzt auf 48 mm waren die

Ventilführungen. Die Kipphebel der R 90S hatten Nadellager anstelle von Bronzebüchsen und daher modifizierte Kipphebelböcke. Die Einlasskanäle waren auf 38 mm erweitert. Die 308°-Nockenwelle wies die gleichen Steuerzeiten auf wie bei R 75/5, R 75/6 und R 90/6; für den Sporteinsatz war eine schärfere 336°-Nockenwelle erhältlich.

Vergaser, Luftfilter und Auspuffanlage

Das Luftfiltergehäuse mit dem Micro Star-Trockenluftfiltereinsatz stammte im Prinzip von der R 75/5, hatte aber größere Ansaugöffnungen. Entgegen der langjährigen Bing-Tradition verbaute BMW an der R 90 S zwei 38-mm-Schiebervergaser von Dell'Orto. Diese relativ neuen Sportvergaser mit Beschleunigerpumpe verwendete unter anderem auch Ducati. Die ersten R 90 S hatten noch keinen Choke, als Kaltstarteinrichtung diente ein Tupfer wie bei den Bing-Schiebervergasern der R 50/5 und R 60/5. Auch die Ducati 750SS hatte diese in der Version mit Tupfern mittlerweile schwierig zu findenden Vergaser. Bei diesen frühen R 90 S war die Aufnahme des Chokehebels auf der linken Seite des Luftfiltergehäuses blindgelegt. Bald jedoch lieferte Dell'Orto auch Vergaser mit Kaltstarteinrichtung, und die meisten 1974 ausgelieferten R 90 S erhielten diese Vergaser mit dem passenden Magura-Chokehebel. Dell'Orto-Vergaser aus dieser Zeit hatten eine polierte Schwimmerkammer und Benzinzulaufröhrchen aus Aluminium.

An die Auspuffkrümmer aus verchromten Rohren 38 x 1,5 mm schlossen sich neue verchromte Schalldämpfer mit 87 mm Durchmesser an, die am Ende nur noch leicht abgerundet waren und den angegebenen Geräuschwert auf äußerst leise 76 Dezibel drückten. Für Kalifornien, Oregon und Florida stattete BMW die R 90 S mit speziellen Schalldämpfern aus.

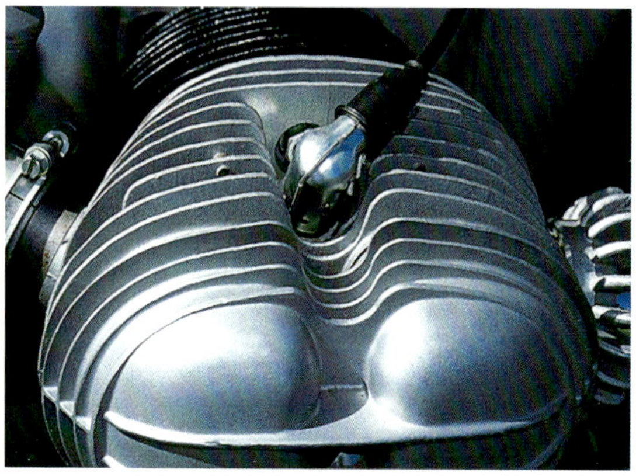

Ein optisches Erkennungsmerkmal des R 90 S-Motors waren besondere Embleme auf dem Motorgehäuse.

Für eine bessere Wärmeabstrahlung waren die Zylinder der R 90 S schwarz lackiert.

Elektrische Anlage, Generator, Zünd- und Startsystem

Der neue leistungsfähigere Dreiphasen-Wechselstromgenerator 14V 17A 22/238 W der R 90 S von Bosch (Nr. 0 120 340 003 61) leistete 238 Watt bei einem maximalen Ladestrom von 17 Ampere und damit etwas weniger als bei den /6-Modellen – der Generatorläufer war etwas kleiner im Durchmesser, damit ein größerer Luftspalt zwischen Rotor und Stator sicherstellte, dass die beiden Teile sich nicht berührten, wenn bei höheren Drehzahlen Durchbiegungen der Kurbelwelle auftraten.

VERGASERDATEN R 90 S

LINKER VERGASER	DELL'ORTO PHM 38 BS
RECHTER VERGASER	DELL'ORTO PHM 38 BD
HAUPTDÜSE	155
NADELDÜSE	2.60
DÜSENNADEL	K4
NADELPOSITION	3. KERBE
LEERLAUFDÜSE	60

Nur die R 90 S war mit den eindrucksvollen Dell'Orto-Vergasern ausgerüstet, die auch für etwas mehr Leistung sorgten. Die ersten Ausführungen hatten noch einen Tupfer als Kaltstarteinrichtung, dieses Exemplar ist bereits mit einem Choke ausgestattet.

Das 1974er Modell der R 90 S hatte noch serienmäßig einen Kickstarter, später war er nur noch gegen Aufpreis erhältlich. Mit dem Verzicht auf die Faltenbälge an den Gleitrohren der Teleskopgabel sollte der sportliche Charakter betont werden.

Weitere Veränderungen umfassten eine neue Diodenplatte, eine 25-Ah-Varta-Batterie und einen überarbeiteten Fliehkraftregler (wie R 90/6). Der Schließwinkel wurde von 78° auf 110° erhöht. Die Zündkerzen von Bosch und Beru waren wie bekannt (Bosch W200 T30 bzw. Beru 200/12/3A), während von Champion jetzt der Typ N6Y genannt wurde. Als Kerzenstecker dienten die gleichen metallabgeschirmten Versionen von Bosch oder Beru wie bei der /5.

Unverändert blieb der 0,5 PS starke Anlasser von Bosch, das Anlasserrelais kam von Striebel (SR 9572). Die ersten R 90 S-Modellen hatten noch serienmäßig einen Kickstarter mit etwas längerem und geschwungenerem Hebel, der aber mit der früheren Version austauschbar war.

Kupplung, Getriebe und Hinterradantrieb

Die Kupplung aller /6-Modelle hatte einen verstärkten Druckring mit Versteifungsrippen, die der R 90 S dazu eine härtere Membranfeder mit 2,8 mm Stärke. Komplett neu war das 5-Gang-Getriebe vom Typ 247, leichter und kleiner als das 4-Gang-Getriebe, mit einem wegen seiner zahlreichen inneren Verstärkungsrippen im Hochdruck-Formenguss gegossenen Gehäuse, in dem sich wie zuvor drei Wellen in Kugellagern drehten. Ein neuer Ratschenmechanismus machte die Schaltvorgänge spürbar weicher und geräuschärmer als beim Vorgängergetriebe.

ÜBERSETZUNGSVERHÄLTNISSE R 90 S

ERSTER GANG	4,4	
ZWEITER GANG	2,86	
DRITTER GANG	2,07	
VIERTER GANG	1,67	
FÜNFTER GANG	1,50	
HINTERRADANTRIEBSÜBERSETZUNG	**ZÄHNEZAHL**	**ÜBERSETZUNG**
SERIE	11:33	3,0

An die höhere Leistung und bessere Aerodynamik angepasst war die längere Übersetzung des Hinterradantriebs der R 90 S. Insgesamt standen vier optional erhältliche Übersetzungen zur Verfügung, die von 3,36 bis 2,91 reichten.

Rahmen und Schwinge

Der als Typ 247 bezeichnete, schwarz lackierte Rahmen der R 90 S war aus dem R 75/5-Rahmen entwickelt und vor allem im Bereich des Lenkkopfs zusätzlich verstärkt worden. Neu war das angeschraubte Rahmenheck. Vom 1973er Modell der /5 stammte die lange Schwinge, durch die der Radstand gegenüber der ersten /5 von 1969 um volle 80 mm länger wurde.

Radaufhängung

Die Teleskopgabel von Fichtel und Sachs hatte einen Standrohrdurchmesser von 36 mm und eine vorverlegte Radachse. Federweg (130 mm) und innerer Aufbau waren identisch mit der R 75/5 von 1973. Die neue obere Gabelbrücke aus Stahl war ein spezielles R 90 S-Bauteil, die neue untere Gabelbrücke aus geschmiedetem Aluminium erhielten alle Modelle der /6-Baureihe. Die Gabelfedern waren länger (567 mm) als bei den übrigen /6-Modellen. Gummimanschetten statt Faltenbälge an den Gleitrohren ließen die Gabel sportlicher aussehen. Für ein weiches Ansprechverhaltens war ein ölgetränkter Filzring in die Manschette eingelegt. Die neuen Scheibenbremsen erforderten entsprechende Aufnahmen an den unteren Enden der Tauchrohre, was die Größe der unteren Verschlussschraubendichtung auf 42 x 49 mm änderte (statt 45 x 52 mm bei der /5). An den US-Modellen waren zusätzlich rechteckige Seitenstrahler an den Kotflügelaufnahmen befestigt. Am Hinterrad kamen bei der R 90 S und /6-Baureihe neue, 316 mm lange Boge-Federbeine mit schwarzen Federn zum Einsatz, der Federweg blieb allerdings gleich. Als Option wurde eine härtere Feder angeboten.

Räder, Reifen und Bremsen

Die Leichtmetallfelgen entsprachen denen der /5 von 1973 und hatten die Größen 1,85 x 19 (vorn) und 2,15 x 18 (hinten). Auch die Reifengrößen waren unverändert, die R 90 S benötigte aber den Geschwindigkeitsindex H. 1974 waren es werksseitig Metzeler- oder Continental-Reifen, deren harte Karkasse nicht optimal für den sportlichen Charakter der R 90 S war. Die Vorderradnabe war aus stark verripptem Leichtmetallguss und über 40 ungekröpfte und 4 mm starke Edelstahlspeichen mit dem Kranz verbunden. Die Radachse der 1974er Modelle hatte noch 14 mm Durchmesser.

Neu an der R 90 S war die Doppelscheibenbremse mit 260-mm-Bremsscheiben aus rostfreiem Stahl und schwarz eloxierten ATE-Bremssätteln – letztere Schwenksättel mit je einem Bremskolben und einem exzentrisch geschliffenem Lagerbolzen als Drehachse, über den auch die Position der Bremsbeläge zur Scheibe eingestellt werden konnte.

Der ATE-Hauptbremszylinder mit 15,87 mm Durchmesser war mit darüber montiertem rundem Ausgleichsbehälter unter dem Kraftstofftank eingebaut und schlicht mit einer großen Schlauchschelle auf dem Hauptrahmenrohr befestigt. Ein kräftiger Bowdenzug verband ihm mit dem Handbremshebel am Lenker. Schon bald nach dem Serienanlauf verwendete BMW einen flacheren, quadratischer geformten Ausgleichsbehälter, der mehr Freiraum zum Tankboden ließ.

Die Bremsleitungen zwischen Hauptbremszylinder und den beiden Bremssätteln bestanden beiderseits aus kurzen Stahlrohren und einem mittig eingesetzten flexiblen Schlauch von 686 mm Länge. Die Bremsleitungen der US-Modelle hatten eine andere Spezifikation.

Eine Doppelscheibenbremse verzögerte das Vorderrad der R 90 S, wobei 1974 die Bremsscheiben noch ungelocht waren. Auch die Vorderradachse hatte damals noch einen kleineren Durchmesser. Das hier abgebildete Exemplar ist eine europäische Version, erkennbar an den fehlenden seitlichen Reflektoren.

Die unvermeidlichen flexiblen Bremsschläuche trugen auch zum etwas schwammigen Druckpunkt an der Scheibenbremse bei.

Ein niedriger Sportlenker, /5-Schaltereinheiten und ein Drehknauf für den hydraulischen Lenkungsdämpfer gehörten zum Arbeitsplatz des R 90 S-Fahrers. Bei diesen frühen Instrumenten fehlt die Aluminiumeinfassung, ansonsten sind sie original. Die obere Gabelbrücke war ein spezielles Bauteil für die R 90 S.

Der Kraftstofftank konnte als sehr gelungen bezeichnet werden: Er hatte eine schöne Linienführung und wirkte trotz seines ordentlichen Fassungsvermögens nicht übermäßig breit.

Am Hinterrad blieb es bei einer 200-mm-Simplexbremse mit Gestängebetätigung wie bei der /5. Ab 1974 war in den USA vorgeschrieben, dass die Überprüfung der Bremsbelagstärke ohne Radausbau möglich sei. Für die erforderlichen Öffnungen der Radnabe ließ BMW die bisherige verchromte Radnabenabdeckung entfallen und verstärkte das Gussgehäuse mit zusätzlichen Rippen. Zur besseren Sichtbarkeit von außen waren zudem die Bremsbeläge eingefärbt. Auch das Hinterrad hatte 40 ungekröpfte und verstärkte Speichen.

Lenker, Hebel und Spiegel

Der Lenker der R 90 S passte zum sportlichen Charakter und maß 600 mm x 22 mm, bei den USA-Modellen war er gleich breit, aber etwas höher. Schwarze Aluminium Klemmböcke befestigten ihn auf der oberen Gabelbrücke. Die mattschwarzen Kupplungs- und Handbremshebel mit Fingermulden kamen von Magura wie der Magura-Gasdrehgriff, der von der /5 stammte und ursprünglich für kleinere Vergaserquerschnitte konzipiert war. Zum vollständigen Öffnen der großen Dell'Orto-Vergaser musste er sehr weit gedreht werden und machte Nachfassen erforderlich. Unverändert übernommen wurden die Griffgummis, die ebenfalls Magura lieferte. Schwarz waren auch die beiden runden Spiegel der R 90 S.

Kraftstofftank, Verkleidung, Batterieabdeckung und Kotflügel

Der neue 24-Liter- Stahlblechtank der R 90 S hatte seitlich keine Kniekissen mehr (sie waren aber weiterhin als Zubehör erhältlich), aber geklebte Tankembleme aus Kunststoff. Die Farbe Silberrauch wurde von Hand lackiert und anschließend mit einer Klarlackschicht überzogen. An frühen R 90 S waren die goldenen Zierlinien nicht traditionell handgezogen, sondern aufgeklebt, weil anfangs eine passende Farbe fehlte. Für die Kotflügel gab es das goldfarbene Klebeband auch als Ersatzteil. Einige der ersten Exemplare hatten noch Everbest-Benzinhähne, aber ab Mitte 1974 wurden meist in Englisch und Deutsch beschriftete Hähne von Karcoma oder Germa verbaut. Zwei Flügelmuttern dienten anfänglich zur Befestigung des Tanks am hinteren Ende.

Die hervorragend verarbeitete, passend lackierte, lenkerfeste Cockpitverkleidung aus glasfaserverstärktem Kunststoff hatte eine Konsole mit Strukturoberfläche zur Aufnahme von Zusatzinstrumenten und machte die R 90 S zum ersten Großserienmotorrad mit einer serienmäßigen Verkleidung. Die Verkleidungsscheibe aus Plexiglas war mit 10 Spreiznieten (A6 x 0,4 x 8 mm) befestigt.

Die Vorderkotflügel der /6-Baureihe, auch aus glasfaserverstärktem Kunststoff, gab es in zwei Versionen, von denen die der R 90 S die kürzere war. Die hübschen Batterieabdeckungen waren wie der hintere Kotflügel identisch mit den /6-Bauteilen und wie alles von herausragender Fertigungsqualität. Anstelle des Rohrbügels zur Verbindung der beiden Gleitrohre gab es eine Pressstahlplatte unter dem Kotflügel. Gegen Aufpreis war für den hinteren Kotflügel ein Spritzlappen lieferbar, wie bei der /5.

Sitzbank, Embleme und Anbauteile

Zur neuen Optik der R 90 S gehörte auch eine neue Denfeld-Sitzbank auf einem Rahmen aus glasfaserverstärktem Kunststoff mit sportlichem Sitzbankende. Aufklapp- und abschließbar, barg sie zwei große Staufächer. Das am vorderen Ende war herausnehmbar und R 90 S-spezifisch, das hintere, in das Sitzbankende integrierte, äußerst praktisch. Für den Beifahrer gab es einen umlaufenden, verchromten Haltebügel, und am hinteren Ende der Sitzbankverkleidung waren ein „90S"-Schriftzug sowie ein 70 mm großes BMW-Emblem eingelassen. Anfänglich waren Tankembleme aus Emaille, wurden aber bald durch geklebte Kunststoffteile ersetzt.

Unter der Sitzbank fanden sich ein Reifendruckaufkleber und neben der Luftpumpe ein Helmhalter, ein „900cc"-Aufkleber zierte die Batterieabdeckungen. Denfeld lieferte die runden Fußrasten, die des Sozius waren verstellbar. Die US-Versionen trugen drei Reflektoren am Heck, zwei am Kennzeichenträger, einen am Kotflügel.

Der hydraulische Lenkungsdämpfer unter der Gabelbrücke war in drei Positionen verstellbar über ein Handrad, das eine Welle durch den Lenkschaft verdrehte, welche den Angriffspunkt des Lenkungs-

An der Cockpitgestaltung änderte BMW nichts, baute aber im Verlauf des Jahres 1975 neue Moto-Meter-Instrumente für Tachometer und Drehzahlmesser ein, nachdem die alten Bestände aufgebraucht waren. Die neuen hatten weiter ein schwarzes Zifferblatt mit weißen Zahlen, aber dünnere Skalenstriche und keine Aluminiumringe. Weitere Änderungen im Modelljahr 1975 waren Positionsmarkierungen am Zündschloss, geänderter Zündschlüssel, neuer Kabelbaum mit neuen Steckern für den Scheinwerfer und ein neues Anlasserrelais. Die Hella-Blinker hatten nun ein Kunststoffgehäuse, das weniger reflektierte als die bisherigen aus Aluminium.

Optisch unverändert, wies die R 90 S des Jahrgangs 1976 etliche Verbesserungen auf, die besonders den Motor betrafen. Da die Entwicklung eines /7-Modells mit 980 cm^3 gut voranschritt, konnten bereits gewonnene Erkenntnisse bei der R 90 S und der /6-Baureihe des Modelljahrs 1976 einfließen. Wie üblich wurden diese Änderungen vorgenommen, sobald der Bestand der bisher verwendeten Teile aufgebraucht war.

Trotz einiger Änderungen sah die R 90 S von 1975 fast wie das Vorjahresmodell aus. Das abgebildete US-Modell (Fahrgestellnummer 4981251) ist unrestauriert; die zusätzlichen Verbindungsstreben an den Gleitrohren der Teleskopgabel sind keine BMW-Teile und stammen aus dem Zubehörhandel.

Ab 1975 waren die Bremsscheiben gelocht und eine Vorderradachse mit größerem Durchmesser verbaut. Seitenreflektoren an den Tauchrohren gehörten zur Serienausstattung aller US-Modelle.

Neu im Modelljahr 1975 waren gekröpfte Magura-Handhebel für Kupplung und Vorderradbremse.

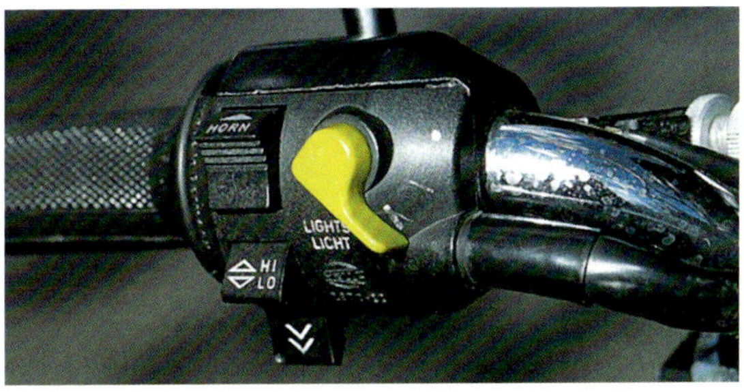

Ebenfalls neu waren die Lenkerschalter von Hella. Der Lichtschalter und Hupenknopf befanden sich am linken Lenkerende.

Blinkerschalter, Not-Aus-Schalter und Anlasserknopf waren rechts angebracht. Diese Schaltereinheiten wurden 1975 und 1976 verbaut.

Die Kontrollleuchten blieben 1975 unverändert, aber Tachometer und Drehzahlmesser hatten u. a. geänderte Zifferblätter. Abgebildet ist der Meilentacho eines US-Modells.

Motor und Antrieb

Der Motor erhielt die Typenbezeichnung 247/76 und wies etliche Veränderungen auf: überarbeitetes Kurbelgehäuse, neue Zylinderköpfe, Zylinder, Stößelstangen und modifizierte Nockenwelle und Ölpumpe. Das Kurbelgehäuse erlaubte das Einschieben größerer Zylinderlaufbuchsen und war im Bereich des vorderen Hauptlagers verstärkt. Die vertiefte Ölwanne legte den Ölsumpf von der Kurbelwelle weg weiter nach unten, was bei unveränderter Ölmenge von 2,25 Litern einen längeren Ölmessstab erforderte. Die Kurbelwelle, das vordere Hauptlager sowie ein neues Schwungrad kamen schon 1975 zum Einsatz, und ab Fahrgestellnummer 4090352 bzw. 4990308 (US-Modelle) installierte BMW einen O-Ring zwischen Kurbelwelle und Schwungrad.

Die neuen Zylinderköpfe hatten einlassseitig eine längere Ventilführung (54 mm), auslassseitig blieb es bei der alten, 48 mm langen. Die neuen Kipphebel waren dank spezieller Axiallager besser geführt und die ebenfalls neuen Kipphebellagerböcke mit Distanzringen exakt positioniert. Die neuen Stößelstangen waren ähnlich wie in den V8-PKW-Motoren aus einem hohlgebohrten dreiteiligen Aluminium- und Stahlverbund, weil sie dadurch 20 % weniger wogen. Ihr Ausdehnungsverhalten entsprach noch mehr dem der Aluminiumzylinder und hätte eine gleichzeitige Verringerung des Ventilspiels ermöglicht – BMW verschob diese Änderung jedoch bis 1977.

Die neuen Zylinder, in denen modifizierte Stößelstangenschutzrohre steckten, waren mit je einem O-Ring und zusätzlich an der Flanschfläche mit Dichtmasse von Hylomar abgedichtet. Zwei weitere O-Ringe dichteten an den beiden oberen Stehbolzen die Stehbolzenbohrung für die Ölzufuhr zu den Kipphebeln ab.

An der Nockenwelle waren Ventilhub und Steuerzeiten gleich geblieben, der Wellenzapfendurchmesser von 12 mm auf 20 mm jedoch vergrößert worden. Damit einher gingen Anpassungen des Wellendichtrings und der Lagerbuchse im überarbeiteten Steuerkettengehäuse. Der größere Wellendurchmesser sollte Verformungen der Nockenwelle reduzieren und so die Genauigkeit der Ventilsteuerung verbessern. Als Nebeneffekt verringerte sich auch die Belastung des Wellendichtrings. Die Ölpumpe erhielt einen neuen Innenrotor, zudem wurden die Laufspiele zwischen Außenrotor und Pumpengehäuse sowie zwischen den beiden Rotoren verkleinert.

Die Scheibenfeder für die Fixierung des Ölpumpenrotors auf der Nockenwelle wurde auf 5,0 x 6,5 mm vergrößert, während die Sicherung des Nockenwellenrades unverändert blieb. 1976 wurde auch eine neue Abdeckung für die Motorentlüftung eingeführt.

Zur Verbesserung der Schaltbarkeit erhielt das Getriebe eine neue Schaltkurvenplatte und Sperrklinkenfeder, außerdem gab es einen geänderten Leerlaufschalter. Das Getriebegehäuse wurde verstärkt. Elektrische Anlage und Zündsystem erfuhren keine wesentlichen Veränderungen bis auf eine neue Diodenplatte beim Ladesystem (Bosch D120 915 158 14V 20A) sowie einen etwas stärkeren Generator (Bosch G1 14V 18A 22/240) mit einer maximalen Ladeleistung von 250 Watt bei 18 Ampere. Eine mehr konstruktive Maßnahme war die Vergrößerung des Abdichtgummiquerschnitts am Unterbrecherkontaktgehäuse auf 3,2 mm.

Fahrwerk

Auch am Fahrwerk nahm BMW für das Modelljahr 1976 etliche Veränderungen vor. Das vordere Schwingenende erhielt stabilere Knotenbleche. Eher untergeordnete Bedeutung hatte ein neues Typenschild. Das Bremssystem wurde ebenfalls überarbeitet: Die weiterhin schwarz eloxierten ATE-Bremssätteln enthielten nun Kolben mit 40 mm Durchmesser, entsprechend wurde auch der Durchmesser des Hauptbremszylinders auf 17,46 mm vergrößert. Neue Bremsbeläge rundeten die Maßnahme ab, und unter dem Strich ergab sich bei gleicher Handhebelkraft eine höhere Bremskraft. An einer „40" auf den Bremssätteln konnten die größeren Bremskolben erkannt werden.

Die modifizierten Bremssättel zogen eine Änderung der Aufnahmen an den Gleitrohren der Teleskopgabel nach sich, sie waren nun 72,5 mm statt 72,2 mm hoch. Das Spiel zwischen den Stand- und Tauchrohren verringerte BMW von 0,25 mm auf 0,1 mm. Zu den weiteren Maßnahmen zählte unter anderem auch ein neuer Kupplungshebel für eine bessere Bedienbarkeit.

Zusammenfassung

Mit einem Kaufpreis von DM 9510 zählte die BMW R 90 S zu den teuersten Motorrädern ihrer Zeit, aber der hohe Preis war absolut gerechtfertigt. Sie bot herausragende Fahrleistungen bei hohem Fahrkomfort und höchster Qualität. Natürlich gab es Diskussionen, wie der hohe Preisunterschied von über DM 1500 zur nahezu identischen 90/6 zustande kam, aber trotzdem konnte BMW die Nachfrage nach der R 90 S kaum erfüllen. Zwar ist sie auch nicht besonders selten, aber in den Augen des Autors ist sie das begehrenswerteste BMW-Motorrad der neuen Generation. Spätere S-Versionen mögen sich einfacher handhaben lassen, besser fahren und mehr Leistung besitzen, aber es hat schon seine Gründe, warum die R 90 S regelrechten Kultstatus besitzt. Die R 90 S-Produktion ging einher mit einer Phase, während der qualitativ besonders hochwertige Fahrzeuge die Fabrik in Spandau verließen. Der Autor ist der Ansicht, dass von allen luftgekühlten Boxermodellen die in der Zeit von 1974 bis 1976 gefertigten Maschinen offenbar mit der größten Sorgfalt zusammengebaut wurden und die wenigsten Probleme bei hohen Laufleistungen verursachten.

Mit ihrem ansprechenden Design, den auffallenden Farben und dem leistungsstarken Motor verhalf die R 90 S der Marke BMW zum Einstieg in die Welt der Hochleistungsmotorräder. Sie bildete die Basis für erfolgreiche BMW Superbikes, und mit

Eine R 90 S – hier das Modell 1975 – ist immer noch eine beeindruckende Erscheinung. Vergleichen Sie den etwas anders geformten Lenker dieses US-Modells mit dem der weiter vorn abgebildeten Maschine für den europäischen Markt. Die obere Gabelbrücke dieses Fahrzeugs ist nicht original.

PRODUKTIONSZAHLEN R 90 S

MODELLJAHR	PRODUKTIONSZEITRAUM	1973	1974	1975	1976	GESAMT
1974	09/1973 – 08/1974	986	4067			5053
1974 (USA)	09/1973 – 08/1974		1005			1005
1975	09/1974 – 08/1975		1376	3299		4675
1975 (USA)	09/1974 – 08/1975		677	1061		1738
1976	09/1975 – 08/1976			912	2812	3724
1976 (USA)	09/1975 – 08/1976			584	676	1260
						17.455

Die Farbe Daytona-orange wurde ab 1975 angeboten und war 1976 die nachgefragteste Farbe. Neben einer tieferen Ölwanne war der Motor in vielen weiteren Punkten überarbeitet worden. Das abgebildete Motorrad hat die Fahrgestellnummer 4092117 und entstand gegen Produktionsende.

1976 erhielten die Bremssättel größere Kolben mit 40 mm Durchmesser und mit der Aufschrift „40" auf dem schwarzen Gehäuse den Hinweis dazu.

Alle R 90 S-Modelle hatten serienmäßig in der Verkleidungskonsole ein Voltmeter und eine analoge Uhr eingebaut. Seitlich davon waren Aufkleber mit Reifen- bzw. Ölinformationen vorhanden.

dem Doppelsieg von Steve McLaughlin und Phil Pridmore 1976 in Daytona bekam der Begriff Daytona-orange eine neue Bedeutung. Pridmore gewann außerdem 1976 noch die AMA-Superbike-Meisterschaft und die R 90 S wurde zu DER klassischen BMW der 1970er Jahre.

Kapitel 4

R 60/6, R 75/6 und R 90/6

Die Nachfolgerin der R 75/5, die R 75/6, sah ihrer Vorgängerin sehr ähnlich, war aber in etlichen Punkten überarbeitet und modernisiert worden. Die 90/6 glich wiederum sehr stark der R 75/6 und die Modelle konnten in erster Linie nur durch die unterschiedlichen Embleme und Aufkleber auseinandergehalten werden.

Parallel zur aufsehenerregenden R 90 S stellte BMW die neue Boxer-Modellgeneration vor, bestehend aus den drei Modellen R 60/6, R 75/6 und R 90/6. Wegen der geringen Nachfrage nach der kleinen 50/5, die in den USA gleich Null war, wurde dieses Modell eingestellt, und die R 60/6 wurde das neue Einstiegsmodell. Die /6-Modelle waren eine konsequente Weiterentwicklung der Vorgänger und erhielten 5-Gang-Getriebe, Scheibenbremsen im Vorderrad (R 75/6 und R 90/6) und überarbeitete Instrumente. Die R 90/6 wurde besonders in den USA zum Verkaufsschlager und war bei Produktionsende 1976 mit nahezu 10.000 verkauften Einheiten das bis dahin erfolgreichste BMW-Motorrad.

R 60/6, R 75/6 und R 90/6, Modelljahr 1974

Zwischen der R 90 S und den /6-Modellen gab es sehr viele Übereinstimmungen, wobei letztere natürlich mehr Merkmale von Tourenmotorrädern hatten – aber überwiegend an Fahrwerk und Anbauteilen, während die Motoren der R 75/6 und R 90/6 mit dem R 90 S-Motor bemerkenswert viele Gemeinsamkeiten hatten. Die R 60/6 war im Wesentlichen eine überarbeitete R 60/5.

Motor und Antrieb

Viele Motorkomponenten der /6-Modelle und der R 90 S waren baugleich. Auch die Motortypenbezeichnung 247 stimmte mit der R 90 S überein.

Gegenüberliegende Seite: Technisch entsprach der /6-Motor weitgehend dem der R 90 S und hatte ebenfalls den verrippten vorderen Motordeckel. Allerdings waren zum Beispiel die Zylinder nicht schwarz lackiert. Das abgebildete Motorrad stammt aus dem Modelljahr 1976 und ist mit einer (noch tieferen) Ölwanne eines späteren Modells ausgerüstet.

FAHRGESTELLNUMMERN /6-MODELLE

MODELL	NUMMERN	BAUJAHR	PRODUKTIONSZEITRAUM
R 60/6	2910001 – 2920000	1974	09/73 – 08/74
R 60/6	2920001 – 2930000	1975	09/74 – 08/75
R 60/6	2960001 – 2970000	1976	09/75 – 08/76
R 60/6 (USA)	4900001 – 4910000	1974	09/73 – 08/74
R 60/6 (USA)	4920001 – 4925000	1975	09/74 – 08/75
R 60/6 (USA)	4925001 – 4925914	1976	09/75 – 08/76
R 75/6	4010001 – 4020000	1974	09/73 – 08/74
R 75/6	4020001 – 4030000	1975	09/74 – 08/75
R 75/6	4030001 – 4040000	1976	09/75 – 08/76
R 75/6 (USA)	4910001 – 4920000	1974	09/73 – 08/74
R 75/6 (USA)	4940001 – 4945000	1975	09/74 – 08/75
R 75/6 (USA)	4945001 – 4947578	1976	09/75 – 08/76
R 90/6	4040001 – 4050000	1974	09/73 – 08/74
R 90/6	4050001 – 4060000	1975	09/74 – 08/75
R 90/6	4060001 – 4070000	1976	09/75 – 08/76
R 90/6 (USA)	4930001 – 4940000	1974	09/73 – 08/74
R 90/6 (USA)	4960001 – 4970000	1975	09/74 – 08/75
R 90/6 (USA)	4970001 – 4973316	1976	09/75 – 08/76

Die neuen verstärkten Kurbelgehäuse wurden auch für die R 90 S verwendet, und abgesehen von der Kurbelwelle der R 60/6 war der komplette Kurbeltrieb ebenfalls identisch. Die kleinere Kurbelwelle der R 60/6 war viel leichter durch die enge vordere Öffnung des neuen Kurbelgehäuses einzufädeln. Die Kurbelwelle der R 75/6 war baugleich mit der Kurbelwelle der R 90/6 (und R 90 S) und erleichterte theoretisch die Umrüstung einer 750er auf 898 cm³. Angesichts des Leistungsunterschiedes zwischen den vier Modellen war die große Übereinstimmung in den Motorabmessungen frappierend und bewies konsequente Rationalisierung. Zwangsläufig waren die drei Motoren (mit Anlasser und Vergaser) fast gleich schwer. So wog der R 90/6-Motor mit 62,5 kg soviel wie der R 90 S-Motor, das R 75/6-Triebwerk war am schwersten (64,9 kg), der R 60/6-Motor lag mit 63,5 kg in der Mitte.

Die verschiedenen Hubraumvarianten hatten jeweils unterschiedliche Zylinderköpfe. Die Zylinderköpfe der R 60/6 entsprachen denen der R 60/5 und die der R 75/6 denen der R 75/5. Die Ventile der R 60/6 waren (jeweils Einlass und Auslass) 38 mm und 34 mm groß (98,5 und 97,5 mm lang), bei der R 75/6 42 mm und 38 mm (beide 98,8 mm lang). Die R 90/6-Ventile waren baugleich mit der R 90 S und maßen 42 mm und 40 mm. Das Baukastensystem setzte sich bei den Nockenwellen fort, es gab nur zwei verschiedene Nockenwellenversionen: eine 284°-Nockenwelle für die R 60/6 und eine 308°-Nockenwelle für die größeren Modelle. Im Gegensatz zur R 90 S, die verkürzte Ventilführungen aufwies, übernahmen die /6-Modelle die längere 54-mm-Version der R 75/5. Die Kipphebel an allen Modellen waren nun nadelgelagert, was bei einem Motor für ein Tourenmotorrad unnötig erschien.

Identisch mit den /5-Vorgängern waren die Kolben der R 60/6 und R 75/6. Die 90-mm-Kolben der R 90/6 unterschieden sich von denen R 90 S durch einen flacheren Kolbenboden wegen der geringeren Verdichtung von 9:1. Das Ruckschlagventil der Kurbelgehäuseentlüftung war an beiden 900er-Motoren gleich, unterschied sich aber wiederum von der Ausführung an der R 60/6 bzw. R 75/6. Alle Modelle hatten den geänderten vorderen Motordeckel mit Belüftungsöffnungen und mittigen Rippen, der Deckel der R 90 S unterschied sich optisch leicht. Die /6-Zylinder hatten auch eine blanke Aluminiumoberfläche und waren nicht schwarz lackiert wie die der R 90 S.

MOTORDATEN /6-MODELLE

MODELL	BOHRUNG (MM)	HUB (MM)	HUBRAUM (CM³)	VERDICHTUNG	LEISTUNG
R 60/6	73,5	70,6	599	9,2:1	40 PS BEI 6400 MIN⁻¹
R 75/6	82	70,6	745	9,0:1	50 PS BEI 6200 MIN⁻¹
R 90/6	90	70,6	898	9,0:1	60 PS BEI 6500 MIN⁻¹

VERGASERDATEN /6-MODELLE

	R 60/6	R 75/6	R 90/6
LINKER VERGASER	BING 1/26/111	BING 64/32/9	BING 64/32/11
RECHTER VERGASER	BING 1/26/112	BING 64/32/10	BING 64/32/12
HAUPTDÜSE	140	135	135
NADELDÜSE	2.68	2.70	2.68
DÜSENNADEL	4	46-241	46-241
NADELPOSITION	3	3	1
LEERLAUFDÜSE	35	45	45

Wie die späten /5-Modelle hatten auch die /6 eine Typenbezeichnung mit schwarzem Hintergrund auf dem Motorgehäuse.

Die größeren Vergaserquerschnitte der R 90 S hatten ein geändertes Luftfiltergehäuse erfordert – die /6-Modelle übernahmen das Gehäuse der /5. An der R 60/6 war weiterhin der 26-mm-Schiebervergaser von Bing eingebaut, anfangs sogar noch ohne Choke, der erst ab Fahrgestellnummer 2911377 bzw. 4900616 (USA) installiert war und über den bekannten Magura-Hebel am Luftfiltergehäuse bedient wurde. R 75/6 und R 90/6 übernahmen von der R 75/5 die 32-mm-Bing-Gleichdruckvergaser an den 36 mm weiten und 25 mm langen Ansaugstutzen. Die Ansaugstutzen der R 60/6 waren 26 mm weit. Die Auspuffanlagen der /6-Modelle und der R 90 S waren identisch, und auch an der R 90/6 wurde ein spezieller USA-Schalldämpfer für die Staaten Kalifornien, Florida und Oregon verbaut.

Mit 280 Watt Leistung und einem maximalen Ladestrom von 20 Ampere war der Bosch Generator G1 14V 20A 21/280 der /6-Modelle stärker als der Generator der R 90 S. Auch der Bosch-Regler war anders. Der Fliehkraftregler in der Zündanlage der R 60/6 und R 75/6 entsprach der /5-Ausführung, in der R 90/6 war der R 90 S-Versteller eingebaut. Für die R 90/6 und R 75/6 lauteten die Zündkerzenfreigaben Bosch W200 T30, Beru 200/14/3A oder Champion N7Y. Die Zündkerzenwärmewerte der R 60/6 wichen etwas davon ab: Bosch W230 T30, Beru 230/14/3A oder Champion N7Y.

Kupplung und Getriebe waren im Prinzip identisch mit denen der R 90 S. Die R 90/6-Kupplung teilte die verstärkte 2,8-mm-Membranfeder der R 90 S, R 75/6 und R 60/6 übernahmen die 2,6 mm starke Feder der R 75/5. Wie bei der /5 eingeführt, hatte jedes /6-Modell einen unterschiedlich übersetzten Hinterradantrieb.

ENDANTRIEBSÜBERSETZUNGEN /6-MODELLE

MODELL	ZÄHNEZAHL	ÜBERSETZUNG
R 60/6	11:37	3,36
R 75/6	10:32	3,2
R 90/6	11:34	3,09

Fahrwerk

Das Baukastensystem setzte sich beim Fahrwerk fort. Rahmen, Rahmenheck und Schwinge waren schwarz lackierte, mit der R 90 S baugleiche Teile. Auch das Hinterrad, seine Simplex-Bremse mit 200 mm Durchmesser und die Hinterradaufhängung waren gleich; Unterschiede gab es jedoch bei der Vorderradbremse und den Gabelfederbeinen. Auf manchen Abbildungen von frühen /6-Modellen fehlt die Aluminiumschutzhülse der Federn an den hinteren Federbeinen, die jedoch in der Serie montiert war.

Die Duplex-Vorderradbremse der R 60/6 entsprach der des /5-Vorgängermodells, hatte aber eine stärker verrippte Nabe und keine verchromte Abdeckung, wegen der Öffnungen zur Kontrolle des Bremsbelagverschleißes. Die R 75/6 und die R 90/6 hatten serienmäßig nur eine Einscheibenbremse, deren ATE-Bremssattel (mit 38 mm-Kolben) am linken Tauchrohr befestigt war. Wegen der Einzelscheibe fiel auch der Durchmesser des ATE-Hauptbremszylinders mit 14,29 mm etwas kleiner als bei der R 90 S aus. Das Nachrüsten einer zweiten Bremsscheibe war möglich, aber teuer, denn neben dem Einbau von Bremssattel und Bremsscheibe mussten noch zusätzlich Gleitrohr und Hauptbremszylinder getauscht werden.

Die Teleskopgabeln stimmten im Aufbau zwischen den /6-Modellen und R 90 S weitgehend überein, nur die R 60/6 hatte neue, modellspezifische Gabelfederbeine erhalten. Im Vergleich zur R 90 S waren anfangs die Gabelfedern 538 mm lang und damit etwas kürzer. Später erhielten die R 60/6 (ab Nummer 2910998), die R 75/6 (ab Nummer 4012043) und R 90/6 (ab Nummer 4044461) ebenfalls die längeren R 90 S-Federn. Neu an den /6-Modellen waren die Scheinwerferhalter, während die Faltenbälge zum Schutz der Standrohre von der /5 stammten. Die /6-Baureihe erhielt auch einen neuen, 600 mm breiten Lenker aus Stahlrohr (US-Ausführung 680 mm), den polierte Klemmböcke aus Aluminium an der oberen Gabelbrücke befestigten. Im Gegensatz zu den schwarzen Spiegeln der R 90 S waren die runden Spiegel der /6 verchromt.

Von Magura stammten wieder die schwarz eloxierten Handhebel aus Aluminium.

Wie auch bei der R 90 S waren bei der /6-Baureihe an der Hinterradnabe die verchromte Abdeckung entfallen und Öffnungen für die Kontrolle des Bremsbelagverschleißes vorhanden.

Auch die Boge-Federbeine waren identisch mit denen der R 90 S.

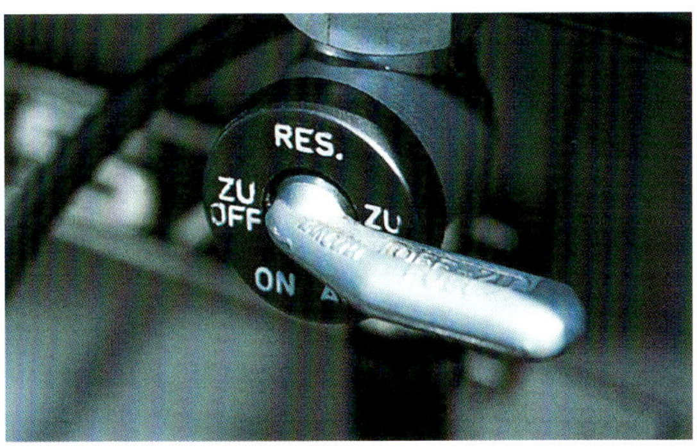

Die meisten /6-Modelle waren mit diesen Karcoma-Benzinhähnen ausgerüstet.

Der /6-Serientank fasste 18 Liter, gegen Aufpreis war ein 22-Liter-Tank erhältlich wie bei der /5-Baureihe. Am großen Tank waren Kniepolster aus Gummi angebracht, nicht aber am kleineren. Das BMW-Emblem beider Tanks war aus Kunststoff und angeklebt. Im Zubehörprogramm angeboten wurde ein 22-Liter-Tank in Polizeiausführung mit eingelassenem, abschließbarem Staufach. Die Serien- Farbpalette umfasste unter anderem Schwarz, Weiß, Blau-metallic, Grün-metallic, Rot, Braun-metallic und Polaris-metallic. Die handgezogenen Zierlinien waren schwarz oder weiß und liefen auf den Tankseiten geschlossen um. Alle Tankanbauteile wie Tankdeckel oder Benzinhähne waren baugleich mit denen der R 90 S, und so wurden auch bei den /6 die anfänglich verwendeten Everbest-Hähne 1974 durch solche von Karcoma oder Germa ersetzt.

Die Denfeld-Doppelsitzbank entsprach der 1973 bei der R 75/5 verwendeten und hatte einen eingearbeiteten weißen Keder, Zierleisten im unteren Sitzbankbereich, einen umlaufenden verchromten Beifahrerhaltegriff und ein Emblem mit der Typenbezeichnung an der Rückseite. Bis 1976 war wahlweise auch eine Einzelsitzbank erhältlich.

Der /6-Vorderradkotflügel aus glasfaserverstärktem Kunststoff war motorseitig etwas tiefer heruntergezogen als bei der R 90 S. Es gab noch einen Kotflügel in Polizeiausführung, der das vordere Ende weiter abdeckte, aber die Zugänglichkeit des Vorderrads erschwerte und zu dessen Ausbau abgenommen werden musste. Zu dem Pressstahlteil, das die beiden Gleitrohre miteinander verband und als Kotflügelhalterung diente, erhielt die /6 eine verchromte Rohrstrebe zur zusätzlichen Befestigung des unteren Kotflügelendes an den Tauchrohren. In Fahrzeugfarbe lackiert waren die mit den R 90 S-Teilen identischen Batterieabdeckungen aus glasfaserverstärktem Kunststoff. Einigen Aufnahmen von Prototypen zeigen noch keine Aufkleber auf den Abdeckungen, aber bei den Serienmodelle fand sich dort immer die Hubraumangabe als Schriftzug „600 cc“, „750 cc“ oder „900 cc“.

Instrumentenausfuhrung und -anordnung mit getrenntem Drehzahlmesser und Tachometer und den fünf Kontrollleuchten waren identisch mit der R 90 S, die Tachometerausführungen jeweils an die Hinterradantriebsübersetzung angepasst. So hatte der Tachometer der R 60/6 die Wegstreckenzahl

MASSE, GEWICHTE UND FAHRLEISTUNGEN DER /6-MODELLE

BREITE	739 MM		
SITZHÖHE	830 MM		
LÄNGE	2179 MM		
HÖHE	1080 MM		
RADSTAND	1466 MM		
GEWICHT VOLLGETANKT (DIN)	210 KG		
MODELL	R 60/6	R 75/6	R 90/6
HÖCHSTGESCHWINDIGKEIT	167 KM/H	177 KM/H	188 KM/H
1 KM MIT STEHENDEM START	29,7 S	28,1 S	26,1 S

PRODUKTIONSZAHLEN /6 MODELLJAHR 1974

MODELL	PRODUKTIONSZEITRAUM	1973	1974	GESAMT
R 60/6	09/73 – 08/74	448	1229	1677
R 60/6 (USA)	01/74 – 08/74		827	827
R 75/6	09/73 – 08/74	1203	1628	2831
R 75/6 (USA)	06/74 – 08/74		1097	1097
R 90/6	09/73 – 08/74	3049	1922	4971
R 90/6 (USA)	01/74 – 08/74		2218	2218
				13.621

PRODUKTIONSZAHLEN /6 MODELLJAHR 1975

MODELL	PRODUKTIONSZEITRAUM	1974	1975	GESAMT
R 60/6	08/74 – 08/75	1575	2293	3868
R 60/6 (USA)	08/74 – 07/75	593	510	1103
R 75/6	08/74 – 08/75	1198	2490	3688
R 75/6 (USA)	08/74 – 08/75	962	1125	2087
R 90/6	08/74 – 08/75	984	2327	3311
R 90/6 (USA)	08/74 – 08/75	1802	2461	4263
				18.320

W = 1,244 für den Meilentacho bzw. W = 0,773 für die km-Ausführung.

Bei der R 75/6 war die Wegstreckenzahl des Meilentachos W = 1,186 und für den km-Tacho W = 0,737; die R 90/6 hatte W = 1,12 für den Meilentacho und W = 0,691 für die km-Version. Für eine genaue Tachoanzeige war die passende Wegstreckenzahl für den jeweiligen Hinterradantrieb unbedingt erforderlich. Mit der R 90 S teilten die /6-Modelle auch die Hella-Lenkerschalter und den Magura-Gasdrehgriff. Da dieser für mittelgroße Vergaser ausgelegt war, passte seine Charakteristik besser zu den /6-Modellen als zur R 90 S.

Als Zubehör konnte die R 90 S-Verkleidung mit Voltmeter und Uhr oder eine Tourenverkleidung mit hoher Scheibe geordert werden. Die Zusatzinstrumente Voltmeter und Uhr gab es jeweils auch mit einem separaten Gehäuse zur Befestigung an der oberen Gabelbrücke. Daneben waren die üblichen Zubehörartikel wie abschließbarer Tankdeckel, Sturzbügel, Gepäcktaschen und Gepäckkoffer und Zusatzscheinwerfer erhältlich.

R 60/6, R 75/6 und R 90/6, Modelljahr 1975

Die Neuerungen für das Modelljahr 1975 entsprachen denen der R 90 S. Neue Kurbelwellen erhielten die R 60/6 ab Fahrgestellnummer 2921610 (US-Modell 4920662), die R 75/6 ab Nummer 420452 (US-Modell 4940406) und die R 90/6 ab Nummer 4050186 (US-Modell 4980304). Gegen Ende des Modelljahrs 1975 (R 90/6 ab Nummer 4050991 bzw. US-Modell 4961904) wurden überarbeitete Schaltgabeln eingeführt. Der funkentstörte Spannungsregler wurde vibrationsgeschützt und damit identisch mit dem R 90 S-Regler. Da der Kickstarter aus der Serienausstattung fiel, erhielten alle /6 einen stärkeren Anlasser. An den Bing-Gleichdruckvergasern wurden die Mischkammern überarbeitet.

1975 machte die stärkere Vorderradachse (17 mm Durchmesser) neue Gleitrohre an der Teleskopgabel erforderlich. Das Innenleben der Gabel blieb gleich, die überarbeiteten Gabeldämpfer waren der R 90 S vorbehalten. Die Bremsscheibe der R 75/6 und R 90/6 war nun gelocht, die Bremsankerplatte der R 60/6 geändert.

Zu Ehren der Rennerfolge von Helmut Dähne und Hans-Otto Butenuth benannte BMW die Fahrzeugfarben nach Rennstrecken. So gab es jetzt unter anderem Monza-Blaumetallic, Nürburg-Grünmetallic, Bol d'Or-Rot, Imola-Silbermetallic und Avus-Schwarz. Nur auf Imola-Silber wurde schwarz liniert, bei allen anderen Farben waren die Zierlinien weiß. Metallic-Farben kosteten Aufpreis. Der Keder der Sitzbank war nun schwarz, die Sitzfläche geprägt. Das modellspezifische Emblem an der Bank ersetzte ein BMW-Logo, was die Teile austauschbar machte.

Alle /6-Modelle erhielten analog zur R 90 S den neuen Zündungs-Fliehkraftregler, die neuen Lenkerschalter und MotoMeter-Instrumente und den modifizierten Gasdrehgriff, aber mit einer anderen Übersetzung (33 Zähne statt 40 bei der R 90 S). In diesem Jahr wurde für die /6 auch ein optionales Tourenpaket aus einer Windscheibe und einem

Eines der wenigen Unterscheidungsmerkmale zwischen der R 75/6 und R 90/6 waren die unterschiedlichen Aufkleber auf den Batterieabdeckungen.

An dieser R 75/6 von 1976 (Fahrgestellnummer 4033222) sind die Federbeine nicht original; das Schaltgestänge mit der Umlenkung stammt von 1978. Die Sitzbank mit dem umlaufenden Haltegriff und die Faltenbälge an der Teleskopgabel waren identisch mit der R 75/5. Hier fehlt allerdings das BMW-Emblem an der Sitzbankrückseite.

größeren Kraftstofftank angeboten. Daneben gab es noch ein Luxus-Tourenpaket, das einer Zubehörvollausstattung gleichkam.

R 60/6, R 75/6 und R 90/6, Modelljahr 1976

Optisch gab es zwischen den Baujahren 1975 und 1976 kaum Unterschiede, im Verborgenen hatte sich aber wie bei der 1976er R 90 S vieles verändert. Das neue verstärkte Motorgehäuse der R 90 S erhielten auch R 75/6 und R 90/6, die R 60/6 erhielt ein eigenes neues Motorgehäuse. Alle Modelle bekamen die tiefere Ölwanne, und statt einer Dichtung dichteten O-Ringe und Dichtmasse die Zylinderfüße ab.

An den /6-Modellen waren einige Warn- und Hinweisaufkleber vorhanden. Dieser hier informierte unter anderem über die Reifengrößen und Fülldrücke und befand sich unter der Sitzbank auf dem hinteren Kotflügel.

Nur bei der Version der R 60/6 mit niedrigerer Verdichtung, die für schlechte Kraftstoffqualitäten angeboten wurde, gab es noch eine Fußdichtung. Bis auf neue Ventilführungen von der R 90 S (Länge Einlassführung 54 mm, Auslassführung 48 mm) waren die Zylinderköpfe unverändert. Das Rückschlagventil in der Kurbelgehäuseentlüftung der R 75/6 entsprach jetzt der R 90/6-Ausführung, alle Modelle hatten nun den vorderen Motordeckel der R 90 S, und R 60/6 und R 75/6 erhielten den Fliehkraftregler der R 90/6.

Zur zusätzlichen Abdichtung der Schwungradaufnahme diente ein O-Ring am Schwungradflansch. Diesen hatten die R 60/6 ab Fahrgestellnummer 2960660 US-Modell 4925289), die R 75/6 ab Nummer 4030398 (US-Modell 4945230) und die R 90/6 ab Nummer 4060267 (US-Modell 4970610). Für ein besseres Schaltverhalten erhielt der Schaltmechanismus neue Schaltkurven und eine neue Sperrklinkenfeder. An den US-Modellen der R 60/6 und R 75/6 verkürzte BMW die Hinterradübersetzung, um die Beschleunigung im 5. Gang zu verbessern.

Natürlich mussten die Tachometer daran angepasst werden. Die Wegstreckenzahl des R 60/6-Tachos war in der Meilenausführung W = 1,318 und

Diese R 75/6 ist mit etlichem Zubehör ausgestattet: Größerer Kraftstofftank, zweite Scheibenbremse vorn, Voltmeter und Uhr. Die /6 ist eines der attraktivsten BMW-Motorräder und immer noch unterbewertet.

HINTERRADANTRIEBSÜBERSETZUNGEN /6-MODELLE (US-MODELLE 1976)

	ZÄHNEZAHL	ÜBERSETZUNG
R 60/6	9:32	3,56
R 75/6	11:37	3,36

in der km-Ausführung W = 0,819. Der R 76/6-Geschwindigkeitsmesser hatte in der Meilenausführung W = 1,244 und in der km-Version W = 0,773.

Wie die R 90 S erhielten auch R 75/6 und R 90/6 Bremssättel mit 40 mm Kolbendurchmesser und einen neuen Hauptbremszylinder, hier aber mit unverändertem Kolbendurchmesser (14,29 mm).

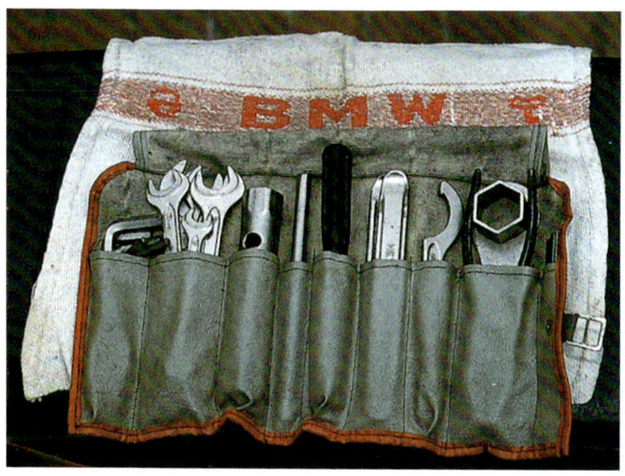

Von ausgezeichneter Qualität war auch das Bordwerkzeug samt Putzlappen mit BMW-Aufdruck.

Zusammenfassung

Die /6-Modelle waren hervorragende Motorräder, wenn auch etwas im Schatten der wesentlich spektakuläreren R 90 S. Solide gefertigt und sehr zuverlässig, boten R 75/6 und R 90/6 herausragende Tourenqualitäten. Die R 60/6 war vielleicht etwas untermotorisiert, aber R 75/6 und R 90/6 verkörperten die Eigenschaften des Boxermotors auf höchstem Niveau: hochwertige Qualität, ästhetisches Aussehen, hohe Laufkultur und überzeugende Fahrleistungen.

PRODUKTIONSZAHLEN /6 MODELLJAHR 1976

MODELL	PRODUKTIONSZEITRAUM	1975	1976	GESAMT
R 60/6	09/75 – 07/76		2012	2012
R 60/6 (USA)	09/75 – 07/76	643	643	
R 75/6	09/75 – 07/76	1955	3351	5306
R 75/6 (USA)	09/75 – 07/76	1166	1412	2578
R 90/6	09/75 – 07/76	716	2302	3018
R 90/6 (USA)	09/75 – 07/76	2012	1304	3316

Kapitel 5

R 100 RS (1977 bis 1984)

Sie ist ein weiteres modernes klassisches BMW-Motorrad: die 1977 vorgestellte R 100 RS, die in vielerlei Hinsicht einfach als großartig bezeichnet werden kann.

Das Erscheinen der R 90 S veränderte schlagartig die überkommene Meinung, BMW-Motorräder seien behäbige und langweilige Maschinen. Sie sah nicht nur rassig aus, sondern hatte die entsprechenden Fahrleistungen – was allerdings auch zu Problemen führte. Konnte das Handling noch überzeugen, ließ die Hochgeschwindigkeitsstabilität mitunter zu wünschen übrig. Als Ursachen galten die mangelnde Steifigkeit des Rahmens und ein relativ hohes Massenträgheitsmoment um die Lenkachse durch die lenkerfeste Cockpitverkleidung. Das nächste BMW-Topmodell sollte eine aerodynamische, rahmenfeste Vollverkleidung erhalten. Das Ergebnis war die R 100 RS. Das Kürzel „RS“ für „Rennsport“ ging auf die Rennmotorräder der 1950er Jahre mit zwei obenliegenden Nockenwellen und Königswellenantrieb zurück. Die im August 1976 vorgestellte R 100 RS, ohne unmittelbare Beziehung zu diesen legendären Maschinen, war eine vergleichbare Sensation wie drei Jahre zuvor die R 90 S – genauso besonders, ein weiteres klassisches Motorrad mit höchster Funktionalität, und Wegbereiter der Entwicklung zu Vollverkleidungen ab Werk.

R 100 RS, Modelljahr 1977

Der Erfolg der R 90 S verschaffte Hans A. Muth den Auftrag, ein Motorrad zu entwerfen, das guten Schutz gegen Wettereinflüsse und eine gute Aerodynamik zugleich bietet.

Und wieder gelang ihm ein großer Wurf. Die R 100 RS war das erste Serienmotorrad mit einer Vollverkleidung, die nicht nur vernünftigen Wetterschutz bot, sondern auch zur Fahrstabilität des Motorrads beitrug. Fast 30 Jahre lang galt die R 100 RS-Vollverkleidung als Maßstab für ein gelungenes Verkleidungsdesign. Die größere Stirnfläche senkte die Höchstgeschwindigkeit gegenüber der R 90 S, aber Handlichkeit bei hohen Geschwindigkeiten und Fahrkomfort waren überragend. Der Autor selbst fuhr noch kein anderes sportliches Tourenmotorrad mit vergleichbarem Wetterschutz.
Selbst die später gebaute Vollverkleidung der K 100 RS war der R 100 RS-Verkleidung in manchen Punkten unterlegen. Die R 90 S wurde zwar als R 100 S weitergebaut, aber die stand in der Modellpalette unter dem neuen Topmodell RS. Nicht nur die Verkleidung setzte neue Maßstäbe, auch der Preis erreichte mit DM 11.210 (1977) einen stattlichen Wert. Ab März 1976 entstanden die ersten Prototypen, die Serienproduktion für das Modelljahr 1977 begann im August 1976.

Motor und Antrieb

Überarbeitungen des Motors der /6-Baureihe und R 90 S für das Modelljahr 1976 flossen natürlich in die /7-Serie und die R 100 RS ein. Der R 100 RS-Motor trug weiterhin intern die Typennummer 247/76, die offizielle Bezeichnung lautete aber M 65*. Die 1976 eingeführte tiefere Ölwanne war bei allen /7 eingebaut, bei den R 100 RS für Kalifornien, Florida und Oregon bis 1979 (ab Fahrgestellnummer 6183254) aber nur gegen Aufpreis erhältlich. Wie gewohnt, wurden die Motoren ständig überarbeitet und weiterentwickelt. Trotz erneut verstärkten Silumin-Kurbelgehäuses wegen der höheren Leistung war das Motorgewicht mit 62,5 kg identisch mit dem der R 90 S.

Wichtigste Änderung am R 100 RS-Motor war natürlich der dank Kolben mit 94 mm Durchmesser und entsprechenden Zylindern größere Hubraum. Dank einer neuen Aluminiumlegierung waren die

VERGASERDATEN R 100 RS (1977 - 1980)

LINKER VERGASER	BING 94/40/105
RECHTER VERGASER	BING 94/40/106
HAUPTDÜSE	170
NADELDÜSE	2.68
DÜSENNADEL	46-341
NADELPOSITION	2
LEERLAUFDÜSE	45

MOTORDATEN R 100 RS

BOHRUNG (MM)	HUB (MM)	HUBRAUM (CM³)	VERDICHTUNG	LEISTUNG
94	70,6	980	9,5:1	70 PS BEI 7250 MIN^{-1}

FAHRGESTELLNUMMERN R 100 RS (1977 - 1984)

MODELL	NUMMERN	BAUJAHR	PRODUKTIONSZEITRAUM
R 100 RS	6080001 – 6080013	1976	03/76 - 05/76
R 100 RS	6080014 – 6085159	1977	08/76 - 06/77
R 100 RS	6086001 – 6095000	1978	09/77 - 08/78
R 100 RS	6095001 – 6100000	1979	09/78 - 08/80
R 100 RS	6223001 – 6224000	1979 – 80	09/78 - 08/80
R 100 RS	6075001 – 6080000	1981	09/80 - 08/81
R 100 RS	6390001 – 6397000	1981 – 84	09/80 - 10/84
R 100 RS (USA)	6180001 – 6180059	1976	03/76 - 05/76
R 100 RS (USA)	6182501 – 6183592	1977	10/76 - 08/77
R 100 RS (USA)	6185001 – 6186000	1979 – 80	09/78 - 08/80
R 100 RS (USA)	6225001 – 6229000	1981 – 84	09/80 - 10/84
R 100 RS (USA)	6308001 – 6308100		

Die große Stirnfläche der RS-Verkleidung führte zu einer etwas niedrigeren Höchstgeschwindigkeit, bot dafür aber hervorragenden Wetterschutz und verbesserte gegenüber der R 90 S die Hochgeschwindigkeitsstabilität.

Frühe silberfarbene R 100 RS-Exemplare (1977 und 1978) hatten besondere modellspezifische Motorembleme mit blau eingefärbter Hubraumangabe.

Für das Modelljahr 1977 erhielt die R 100 RS die bisher verwendeten Getriebeübersetzungen. Der Kickstarter war ein aufpreispflichtiges Zubehör.

GETRIEBEÜBERSETZUNG SPORTGETRIEBE
R 100 RS

1. GANG	3,38
2. GANG	2,43
3. GANG	1,93
4. GANG	1,67
5. GANG	1,50

Kolben von Mahle oder Kolben-Schmidt genauso schwer wie die 90-mm-Kolben. Mit kürzeren und dickeren Kühlrippen, die weniger zum Schwingen neigten, war der Motor leiser. Anders als bei der R 90 S waren die Zylinder nicht schwarz lackiert. Das Kolbenlaufspiel war (auch bei den /7-Modellen) kleiner und die Verschleißgrenze lag bei 0,08 mm (bisher 0,12 mm).

Erneut größere Kolben verursachten höheren Kurbelgehäuseinnendruck, daher verbesserte BMW wieder die Kurbelgehäuseentlüftung. Nahe der Startermotoraufnahme war ein kleines Gehäuse mit einem rechtwinkligen Deckel für das neue Rückschlagventil eingegossen, von dem wieder ein nun längerer (330 mm) Entlüftungsschlauch in den rechten Ansaugtrakt führte.

Die Einlassventile hatten nun einen Ventiltellerdurchmesser von 44 mm und waren 98,9 mm lang; beide Ventilführungen hatten eine Länge von 48 mm. Unverändert blieben die 308°-Nockenwelle und der Steuerkettentrieb. Das vordere Nockenwellenlager war mit längeren Schrauben (8 x 55 mm statt 8 x 45 mm) montiert. Von der R 90 S stammten die leichteren Stößelstangen, ein engeres Ventilspiel aber wurde erst 1977 aus Geräuschgründen freigegeben (Einlass 0,10 mm, Auslass 0,15 mm).

Am Schmiersystem waren die Dichtung für das Ölansaugsieb und der Ölfilterdeckel neu. Die innere Abdichtung des Ölfilters erfolgte über eine Stahlscheibe und einen O-Ring. Zuerst musste die Stahlscheibe und dann der O-Ring eingelegt werden, um nicht den O-Ring mit der Stahlhülse des Ölfiltergehäuses zu beschädigen, was zu Problemen mit dem Öldruck geführt hätte.

Auffällig waren neue, eckige, schwarz eloxierte Ventildeckel mit teilweise polierten Rippen. Sie waren etwas höher und schwerer als die bisherigen, rundlicheren Deckel, die von der R 68 von 1952 stammten, und machten den Motor etwas breiter. Außerdem waren die Deckel links und rechts ungleich und daher innen mit „L" und „R" gekennzeichnet. Spezielle R 100 RS-Embleme auf dem Motorgehäuse machten die optischen Änderungen komplett.

Anders als die R 90 S war die R 100 RS nicht mit Dell'Orto-Schiebervergasern, sondern mit 40-mm-Bing-Gleichdruckvergasern (Typ 94) ausgerüstet. Zugleich erweiterte BMW die Ansaugstutzen auf 40 mm, überarbeitete Luftfiltergehäuse und Ansaugöffnung und vergrößerte die Rohrquerschnitte (40 x 1,5 mm) der Auspuffkrümmer – alles zusammen machte den R 100 RS-Motor zum bisher stärksten BMW-Serien-Boxermotor. Auch die Sternmuttern der Auspuffkrümmer und die 87 mm dicken Schalldämpfer waren neu. Die größeren Auspuffteile hielten 42 mm große Schellen. 1977 gab es als Option noch 38 mm dicke Krümmer, gehalten von 40-mm-Schellen.

Alle R 100 RS-Modelle für Kalifornien, Oregon und Florida erhielten die kleineren Auspuffkrümmer und leisere Schalldämpfer.

Die Einscheiben-Trockenkupplung mit 180 mm Durchmesser, 2,8 mm starker Membranfeder und verstärkter Kupplungsscheibe stammte von der R 90 S. Das neue Schwungrad war dünner und leichter, es wog etwas über 3,5 kg. So konnte trotz schwererer Kupplungsscheibe das Gewicht der Kupplung/Schwungradeinheit auf ca. 7,1 kg gehalten werden. Der Anlasserzahnkranz am Schwungrad hatte nun 94 Zähne. Das 5-Gang-Getriebe erhielt zusätzliche Verstärkungsstege außen am Gehäuse, blieb innen aber unverändert. Neu war lediglich der Leerlaufschalter. Im Zubehörprogramm war ein enger übersetztes Sportgetriebe bestellbar. Der Kickstarter war ein Extra gegen Aufpreis.

Serienmäßig hatte der Hinterradantrieb europäischer R 100 RS die Übersetzung 3,00 (33:11), die US-Modelle waren mit 2,91 (32:11) etwas länger übersetzt. Einige frühe US-Modelle wurden allerdings mit europäischem Endantrieb ausgeliefert.

Neu an der R 100 RS und an allen /7-Modellen waren die eckigeren Ventildeckel und größere isolierte Zündkerzenstecker.

Elektrische Anlage und Zündsystem

Von der R 90 S übernommen wurden der kleinere Bosch-Generator mit 240 Watt (Bosch G1 14V 18A 22/240) und der 0,6 PS starke Bosch-Anlasser. Die geänderte Zähnezahl am Schwungrad verbesserte das Startverhalten bei niedrigen Temperaturen, die Anlasserschaltung hatte zudem ein weiteres Bosch-Relais integriert. Die Kapazität der Varta-Batterie betrug 28 Ah. Das Zündsystem hatte die bekannten Bosch-Zündspulen und der Fliehkraftregler mit 31° die gleiche Frühverstellung. Neu waren die Zündkabel und Zündkerzenstecker, als Zündkerzen waren Bosch W225 T30, Beru 230/14/3A bzw. Champion N6Y vorgesehen.

Rahmen und Fahrwerk

Rahmen und Schwinge der R 100 RS und der /7-Modelle basierten auf /6-Komponenten von 1976. Unterhalb des Lenkkopfs kam ein zweites Verbindungsrohr zwischen die Unterzüge, Knotenbleche verstärkten den Lenkkopfbereich und die Wandungsstärke des Lenkkopfrohrs war erhöht. Der Rahmen erhielt die Bezeichnung 247/77.

Die bewährte /6-Teleskopgabel wurde an die Anforderungen der R 100 RS angepasst. Eine Ölbohrung weniger straffte die Dämpfung, die Ölmenge wurde verringert. Die Gabelfedern waren etwas kürzer (543 mm) bei einer progressiven Kennlinie. So war die Federung jetzt im mittleren Bereich weicher und verhärtete sich gegen Ende des Federwegs. Schwarz eingefärbte Bauteilen sollten der R 100 RS ein besonderes Erscheinungsbild verschaffen, daher wurden auch die Gleitrohre der Teleskopgabel schwarz lackiert. Die US-Modelle erhielten wieder den bekannten rechteckigen Seitenstrahler. Wegen der Verkleidung wurde der Lenkeinschlagwinkel von 42° auf 35° reduziert. Der Lenkkopfwinkel lag bei 28° und der Nachlauf stieg auf 95 mm an. 1977 war die R 100 RS das einzige Modell mit einem serienmäßigen dreistufigen Lenkungsdämpfer.

Neben den schwarz lackierten Tauchrohren hatten das 1977er und das silberfarbene 1978er Modell der R 100 RS blau eloxierte ATE-Bremssättel mit 40-mm-Kolben.

Aluminiumgussräder wurden zwar als Zubehör angeboten, aber die meisten der 1977 ausgelieferten R 100 RS verließen mit Speichenrädern das Werk. Zwei umlaufende blaue Zierstreifen auf den Felgen setzten einen zusätzlichen Akzent.

An den Boge-Federbeinen waren die Federn jetzt vollständig sichtbar – die Aluminiumschutzhülsen waren entfallen.

Von den /6-Modellen stammten die in der Federvorspannung dreifach verstellbaren hinteren Federbeine von Boge. Nicht mehr vorhanden war allerdings die polierte Aluminiumhülse zur Abdeckung des oberen Federendes.

Räder, Reifen und Bremsen

Die meisten R 100 RS-Exemplare des Modelljahrs 1977 hatten Speichenräder mit den üblichen Aluminiumfelgen, Naben aus Leichtmetallguss und 40 ungekröpften Edelstahlspeichen. Auch die Radgröße entsprach den bisherigen /6-Modellen – 1,85B x 19 für das Vorderrad und 2,15B x 18 für das Hinterrad. Zwei umlaufende blaue Farbstreifen zierten exklusiv die Felgenoberseite an der R 100 RS. Als teure Sonderausstattung waren nur für die R 100 RS Leichtmetallgussräder im „Schneeflocken“-Design gelistet, mit einer Hinterradgröße von 2,50 x 18 Zoll. Die R 100 RS-Prospekte zeigten diese Räder, und etliche Testmotorräder waren damit ausgerüstet, aber sie waren 1977 wegen Lieferproblemen nicht wirklich verfügbar. Wenn die Fahrgestellnummernaufzeichnungen über die im März 1976 produzierten ersten Maschinen stimmen, waren vielleicht nur drei Europa- und vier US-Modelle damit ausgerüstet. Diese Aluminiumgussräder wurden von BMW entwickelt und anfänglich bei FPS in Italien hergestellt. Deutlich verwindungssteifer als die Drahtspeichenräder, waren sie auch über 2,7 kg schwerer. Jedoch neigten sie zur Rissbildung, und alle bis Ende 1982 produzierten Räder wurden 1984 zurückgerufen. Die Austauschräder sahen gleich aus, hatten aber eingegossene Verstärkungen in den Speichen. Ab Werk waren Reifen von Continental (Twin) oder Metzeler (Block C66 Touring) der Größen 3.25 - H19 vorn und 4.00 - H18 hinten aufgezogen, wobei vorn und hinten der gleiche Hersteller gefahren werden musste. Die Continental-Reifen boten besseres Handling und bessere Haftung.

Den Durchmesser der gelochten Bremsscheiben gaben Werksunterlagen jetzt mit 264 mm an. Der ATE-Schwingsattel mit 40-mm-Kolben stammte vom Vorgängermodell, war aber nun blau eloxiert. Der ATE-Hauptbremszylinder mit 17,46 mm Kolbendurchmesser war wieder unter dem Tank angeordnet. Die Bremsleitungen, teils aus Stahl, teils flexible Schläuche, mussten durch die Verkleidung geführt werden. Ein Gestänge betätigte die unveränderte hintere Trommelbremse mit 200 mm Durchmesser. Bei den wenigen frühen Gussrädern waren zu ihrer Kühlung Luftschaufeln mit einem Kunststoffschutz eingelassen.

Lenker, Handhebel und Spiegel

Ein viel schmalerer Lenker, fast ein Stummellenker, unterschied die R 100 RS von anderen sportlichen BMW-Modellen. Nur 548 mm lang (bei einem Durchmesser von 22 mm), verschwand er vollständig hinter der Verkleidung. Seine flache Form machte die Fahrersitzposition sportlicher, aber auch belastender für die Handgelenke. Die bessere

Abschirmung des Fahrers gegen den Fahrtwind leistete zweifellos ihren Beitrag zur höheren Fahrstabilität gegenüber der R 90 S, allerdings eignete sich dadurch die R 100 RS mehr für schnelle gerade Strecken und weniger für kurvige Landstraßen. Die gekröpften schwarzen Handhebel stammten wieder von Magura, ebenso wie die von den /6-Modellen übernommenen Griffgummis.

Die an der Verkleidung befestigten neuen rechteckigen Spiegel waren schwarz.

Verkleidung, Kraftstofftank, Batterieabdeckungen und Kotflügel

Die größte Innovation an der R 100 RS war die im Spritzgussverfahren hergestellte Vollverkleidung aus Fiberglas. Nach Werksangaben verringerte die im Windkanal entwickelte, sorgfältig gefertigte, 9,5 kg schwere Verkleidung gegenüber der R 90 S den Luftwiderstand um 5,4 %, den Auftrieb am Vorderrad um 17,4 % und seitliche Gierbewegungen um 60 %. Sie bestand aus sieben Teilelementen und einer flachen Windschutzscheibe. Vorn in der Mitte war ein Lichtschacht aus Gummi, der mit einer Sekurit-Glasscheibe abgedeckt war. Quer über diese Scheibe verliefen fünf waagrechte orangefarbene Zierlinien ohne Funktion, die etwas merkwürdig wirkten. Auch die Verkleidungsscheibe mit dem leicht abgewinkelten Ende und dem umlaufenden Wulst gab Anlass zu Kritik, da sie Turbulenzen im Fahrerkopfbereich verursachte. Der untere Mittelteil erlaubte wie ein „Kühlergrill" den Eintritt von Kühlluft. Für Fahrten bei hohen Außentemperaturen waren die unteren seitlichen Verkleidungsteile abnehmbar, beim 1977er Modell mussten dazu aber die Auspuffkrümmer abgeschraubt werden, weil die Teile noch geschlossen geformt waren. Der Verkleidungshalter bestand aus zwei geschwungenen, untereinander verbundenen Rohrstreben und war mit einer am Lenkkopf angeschweißten Aufnahme verschraubt. Damit war das Verkleidungsmittelteil stabil am Rahmen befestigt; zusätzliche angeschweißte Ausleger trugen die beiden Spiegel. Eine durchlaufende Rohrstrebe stützte die Verkleidung seitlich ab, und abgewinkelte Halter aus Stahlblech unter den Zylindern fixierten die Verkleidung nochmals in diesem Bereich. Die unter dem Tank durchgeführte Rohrstrebe verlief sehr nahe an der Plusleitung und konnte im Lauf der Zeit die Isolierung durchwetzen, was einen Kurzschluss und Kabelbrand verursachen konnte. Die Öffnungen in der Verkleidung für die beiden Standrohre waren mit Gummimanschetten abgedichtet, die bei großen Lenkeinschlägen hinderlich waren. Ein Formteil aus offenporigem Schaumstoff war zwischen die beiden Rahmenunterzüge und die Verkleidung eingelegt.

Im Modelljahr 1977 bot BMW die R 100 RS nur in einer Farbe an: Mattes Silbermetallic mit Klarlacküberzug und blauen Zierlinien. Die Linierung war nicht so sorgfältig ausgeführt wie gewohnt. Serienmäßig bei der RS und den /7-Modellen war der elegante 24-Liter-Stahltank der R 90 S mit neuem,

Die Instrumente im Cockpit der R 100 RS waren die der R 90 S, der Lenker sogar noch schmaler und flacher. Die unteren Schalter der Schaltereinheiten hatten für eine bessere Erreichbarkeit längere Hebel. Eine Kunststoffprallplatte mit der Oberflächenstruktur eines Autoarmaturenbretts deckte die Lenkerklemmböcke ab, und das Zündschloss befand sich jetzt zwischen den Zusatzinstrumenten.

1977 und 1978 war das untere Verkleidungsmittelteil mit Belüftungsöffnungen versehen.

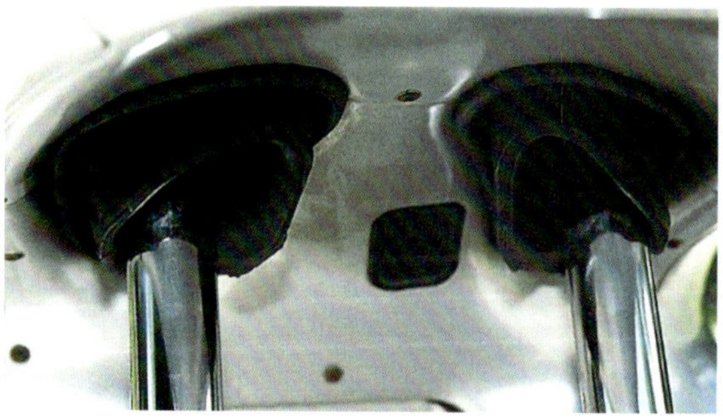

Gummimanschetten dichteten die Öffnungen in der Verkleidung für die Gabelstandrohre ab. Da sie bei großen Lenkeinschlägen hinderlich waren, bauten etliche Besitzer sie aus.

Neu im Modelljahr 1977 war der versenkte abschließbare Tankdeckel. Anfänglich konnte es vorkommen, dass sich der Deckel nicht öffnen ließ.

An dieser R 100 RS von 1977 (europäisches Modell, Fahrgestellnummer 6080917) scheint die Zeit fast spurlos vorübergegangen zu sein. Bis auf die Scheinwerferabdeckscheibe aus Duro-Glas ist das Exemplar sehr original. Mattsilber war in diesem Jahr die einzige angebotene Farbe.

Die fünf orangefarbenen Linien im Sicherheitsglas der Scheinwerferabdeckscheibe dienten lediglich der Optik und hatten keinerlei Funktion.

versenkten schwarzen Tankdeckel. Er war abschließbar, allerdings über einen eigenen Schlüssel statt dem Zündschlüssel. Bei den frühen Modellen konnte es vorkommen, dass sich der Tankdeckel nach dem Aufschließen frei drehte und nicht öffnen ließ. Zwei Rändelmuttern aus Kunststoff am hinteren Ende befestigten den Tank. Er war in zwei Hälften unterteilt und hatte im Innern eine zusätzliche Expansionskammer gegen die Gefahr des Überlaufens.

Die schwarzen Batterieabdeckungen trugen einen blauen „1000cc"-Aufkleber. Beide Kotflügel waren baugleich mit denen der R 90 S.

Der vordere Kotflügel war silberfarben mit blauen Zierstreifen und an einem Blechpressteil befestigt, das auch die beiden Gleitrohre miteinander verband. Der hintere Kotflügel war mattschwarz.

Sitzbank, Embleme und Anbauteile

Für die R 100 RS gab es wahlweise zwei Sitzbänke: eine Einzelsitzbank (mehr eineinhalbsitzig) und die von der R 90 S bekannte Doppelsitzbank. Beide Sitzbänke waren abschließbar und trugen hinten ein BMW-Emblem. Die Doppelsitzbank hatte einen schwarzen Sozius-Haltegriff. Unter beiden Bänken waren jeweils die herausnehmbare Ablageschale und das praktische Staufach im Heck, das bei der Einzelsitzbank recht groß ausfiel. Zudem hatte die RS zwei Helmschlösser.

1977 hatten Zündschloss und Tankdeckel unterschiedliche Schlüssel. Die Fußrasten, wieder von Denfeld, waren rechteckig. RS mit Einzelsitzbank hatten keine Soziusfußrasten. In alter BMW-Tradition war das Bordwerkzeug mit 26 Teilen sehr reichhaltig und enthielt sogar Schraubenschlüssel für die Einstellung von Lenkkopf- und Schwingenlagern sowie Reifenreparatursatz und Luftpumpe. Bei europäischen Modellen war sogar ein Verbandskasten unter dem Sitzbankpolster verstaut, der allerdings den Sitzkomfort etwas einschränkte.

Schalter und Signalhorn

Anordnung und Aufbau der Lenkerschalter von Hella waren wie bekannt, allerdings waren der Blinkerschalter (rechts) und der Umblendschalter (links) verlängert, damit sie leichter mit dem Daumen bedienbar waren. Für ein eindringlicheres Warnsignal sorgten nun zwei Fiamm-Signalhörner mit 410 Hz (rechts) und 540 Hz (links). Aus Platzgründen unter dem Tank montiert, konnte ihr Schall von der Verkleidung reflektiert werden und den Fahrer irritieren.

Instrumente und Warnleuchten

Die Instrumentenanordnung war im Prinzip von der R 90 S übernommen. Tachometer und Drehzahlmesser hatten wieder schwarze Zifferblätter mit weißen Zahlen und waren an der oberen Gabelbrücke befestigt. Über den Klemmböcken der Lenkerbefestigung befand sich eine Prallplatte aus Kunststoff mit der Oberflächenstruktur eines Auto-Armaturenbretts. Das Zündschloss war nun gut zugänglich zwischen

MASSE, GEWICHTE UND FAHRLEISTUNGEN DER R 100 RS (1977 - 1980)

BREITE	746 MM
SITZHÖHE	818 MM
LÄNGE	2179 MM
HÖHE	1310 MM
RADSTAND	1466 MM
GEWICHT VOLLGETANKT (DIN)	230 KG
HÖCHSTGESCHWINDIGKEIT	200 KM/H
BESCHLEUNIGUNG VON 0 - 160 KM/H	12,6 S

PRODUKTIONSZAHLEN R 100 RS MODELLJAHR 1977

MODELL	PRODUKTIONSZEITRAUM	1976	1977	GESAMT
R 100 RS	08/76 – 07/77	1418	3741	5159
R 100 RS (USA)	08/76 – 06/77	542	721	1263
				6422

Von 1977 bis 1984 war wahlweise eine sportliche Einzelsitzbank erhältlich.

Die Denfeld-Fußrasten hatten ab 1977 einen rechteckigen Querschnitt.

Voltmeter und Uhr in der Verkleidungskonsole. Der Tachometer war an die Übersetzung des Hinterradantriebs angepasst: bei den US-Modellen mit der Übersetzung 2,91 war die Wegstreckenzahl W = 1,078, mit der Übersetzung 3,00 war W = 1,112.

Scheinwerfer, Rücklicht und Blinker

Der hervorragende H4-Scheinwerfer von Bosch mit 180 mm Durchmesser war unverändert, wie das Hella-Rücklicht mit seinem glänzend schwarzen Gehäuse.

Die Gehäuse der hinteren Hella-Blinker waren schwarz, und die US-Modelle hatten die üblichen runden seitlichen Reflektoren. Die Blinker vorn und das länglich/rechteckig ausgeführte Parklicht waren glattflächig in die Verkleidung eingelassen.

R 100 RS, Modelljahr 1978

1978 nahm BMW nur Detailänderungen vor, dafür stieg zumindest in den USA der Preis deutlich an – von $ 4595 auf $ 5295 – während sich in Deutschland der Preisanstieg auf DM 11.790 (+ DM 500) noch im Rahmen hielt.

Käufer an der US-Westküste mussten zusätzliche $100 Transportkosten bezahlen, um in den Genuss einer R 100 RS zu kommen. Die R 100 RS war nun das teuerste käufliche Serienmotorrad in den USA und mehr begehrenswerter Luxusartikel als Motorrad. Der stramme Preis nahm ihr nichts von ihrer hohen Gebrauchstüchtigkeit, trug aber zu relativ geringen Absatzzahlen bei. In anderen Ländern war die R 100 RS trotz vergleichbar hoher Preise keine solche Ausnahmeerscheinung.

Am Motor wurden für das Modelljahr 1978 nur geringe Änderungen vorgenommen. Die Kolbenbolzen wurden nun mit einem so genannten Seeger-Ring® fixiert; die 40-mm-Bing-Vergaser erhielten neue Schwimmerventile. Ab Fahrgestellnummer 6183255 stattete BMW die US-Modelle mit einer Kurbelgehäuseentlüftung aus, die über ein T-Stück in beide Ansaugrohre mündete. Statt modellspezifischer Embleme hatte die obere Motorabdeckhaube einen einheitlichen BMW-Schriftzug auf beiden Seiten und einen geänderten Lufteinlass. Die US-Modelle erhielten gleichzeitig eine tiefere Ölwanne, neue Zylinderköpfe und Schalldämpfer. Die Vergaserabstimmung wurde mit Hauptdüsen der Größe 160 etwas magerer.

Alle 1978er Modelle hatten neue Nockenwellen mit um 6° vorverstellten Steuerzeiten bei gleichem Öffnungswinkel und Hub. Am Antriebsrad der Nockenwelle entfiel das Drehzahlmesserschneckenrad, was einen geänderten Kettenkastendeckel erforderte. Die schwarzen eckigen Ventildeckel trugen zur erleichterten Zuordnung die Seitenkennzeichen „L“ und „R“ jetzt außen.

Besserer Schaltbarkeit diente ein Schaltgestänge mit Umlenkung. Der am Fußrastenhalter gelagerte Fahrerschalthebel bewegte über ein U-förmiges Gestänge einen kleineren getriebeseitigen Schalthebel. In typischer BMW-Perfektion dichtete ein Faltenbalg das Gestänge ab, und ein Schmiernippel am Schalthebel erleichterte die Wartung.

Auch die Teleskopgabel war nur geringfügig geändert. Die Verschlusskappen am oberen Standrohrende waren schwarz statt verchromt, die Unterlegscheibe entfiel. Der obere Gabelverschluss hatte eine größere Öleinfüllöffnung, die eine Schraube M10 x 12 mm (bisher M8 x 12 mm) verschloss. Ab 1978 erhielten alle R 100 RS-Modelle werkseitig die Leichtmetallgussräder im so genannten „Schnee-

STEUERZEITEN R 100 RS UND /7-MODELLE (BEI 2 MM VENTILSPIEL, ± 2,5°)

MODELL	EINLASS ÖFFNET	EINLASS SCHLIESST	AUSLASS ÖFFNET	AUSLASS SCHLIESST
R 100 RS, R 100 S, R 100/7, R 80/7, R 75/7	16° VOR OT	44° NACH UT	56° VOR UT	4° NACH OT

1978 bot BMW auch ein R 100 RS-Sondermodell „Motorsport“ an. Es war in erster Linie für die USA gedacht, aber auch in anderen Ländern erhältlich. Diese Ausstellungsmaschine hat einen Ölkühler, der erst ab 1979 erhältlich war und nicht zur Serienausstattung des Sondermodells gehörte. Bild: BMW Mobile Tradition

flocken“-Design. Eine Lackschicht schützte sie gegen Schmutz und Bremsenabrieb und erleichterte das Reinigen. Am Vorderrad kamen für die Radlager lediglich größere Wellendichtringe (40 x 22 x 7) zum Einsatz, während das Hinterrad komplett anders aufgebaut war. Die Felge war nun 2,75 Zoll breit, und an der Radnabe saß anstelle der Bremstrommel eine gelochte 260 mm große Bremsscheibe. Das Lochmuster der von Brembo gelieferten Scheibe bestand aus zwei abwechselnd gegeneinander versetzten Bohrungen (statt abwechselnd zwei und drei Bohrungen).

Im Modelljahr 1978 wurden diese Bremsscheiben manchmal auch vorn verwendet.

Der hintere Bremssattel mit zwei gegenüberliegenden 38-mm-Bremskolben stammte auch von Brembo. Diese Festsattelbauart war der veralteten ATE-Schwenksattelkonstruktion im Vorderrad deutlich überlegen. Zur Aufnahme des hinteren Bremssattels diente eine große Aluminiumplatte, die sich über eine Pressstahlstrebe an der Schwinge abstützte. Der ebenfalls von Brembo gelieferte hintere Hauptbremszylinder hatte einen Kolbendurchmesser von 15,8 mm. Unverändert war die Vorderradbremse. Die meisten silberfarbenen R 100 RS erhielten blau eloxierte Bremssättel, an andersfarbigen Modellen waren silber eloxierte Sättel verbaut.

Etliche Detailänderungen erfuhren für das Modelljahr 1978 verschiedene Fahrwerkskomponenten. Der Tanküberlauf endete nun nicht mehr über dem Motor, eine Leitung verlängerte ihn nach unten seitlich neben das Hinterrad. An der Verkleidung verwendete BMW eine neue Scheinwerferabdeckung und Gummihutze. Die unteren Seitenteile waren nun geschlitzt und konnten ohne das lästige Abschrauben der Auspuffkrümmer abgenommen werden. Eine zusätzliche Halterung gab die nötige Stabilität. Lenkerklemmböcke und Instrumententräger waren ebenso neu wie die Warnleuchtenbefestigung samt Gehäuse. Das Rücklichtgehäuse war nun mattschwarz, und ab Mai 1978 war es auch der hintere Kotflügel aus einem neuen elastischeren Kunststoff.

Am deutlichsten verändert waren die Moto-Meter-Instrumente. Ihre Zifferblätter waren nun schwarz mit grünen Zahlen, die Nadeln weiß und die Gläser entspiegelt. Der Drehzahlmesser arbeitete nun elektronisch, und auch die Uhr hatte ein Quarzuhrwerk. Alle Schlösser – Zündschloss, Tankdeckelschloss, Sitzbankschloss und Lenkschloss – konnten mit einem Schlüssel geöffnet werden. An den US-Modellen war nun eine Dauerlichtschaltung eingebaut und der Lichtschalter entfallen. Zusätzlich

PRODUKTIONSZAHLEN R 100 RS, MODELLJAHR 1978

MODELL	PRODUKTIONSZEITRAUM	1977	1977	GESAMT
R 100 RS	08/77 - 07/78	2395	470	6865
R 100 RS (USA)	08/77 - 12/77	751	341	1092
	04/78 - 08/78		4	4
				7961

wurden diese Fahrzeuge mit einem Blinkerpiepser gesegnet, dessen Lautstärke auch bei höheren Geschwindigkeiten nicht überhört werden konnte. Zugleich war die Kontrollleuchte des Blinkers nun ganz oben in der Warnleuchtenreihe angebracht.

Die Bremsenwarnleuchte war nun am unteren Ende der Reihe. Für höheren Fahrkomfort sollten abgeänderte, weichere Griffgummis von Magura sorgen.

Neu war ein Seilschloss, das im Rahmenzentralrohr verstaut werden konnte. Im Bordwerkzeug waren die Reifenmontierhebel entfallen, da sie für die Leichtmetallgussräder ungeeignet waren. In allen Doppelsitzbänken befand sich nun ein Staufach für den Verbandskasten, selbst wenn er nicht zur Serienausstattung gehörte (z.B. in den USA).

1978 bot BMW die R 100 RS in den Farben Silbermetallic und Goldmetallic an. Die Zierlinien der Goldmetallic-Version waren schwarz, die seitlichen Motorembleme „R 100 RS" und die „1000cc"-Aufkleber auf den Batterieabdeckungen rot ausgeführt. Leider blieben nur wenige dieser Modelle im Originalzustand erhalten, da diese Farbe im Sonnenlicht schnell ausbleichte. Im gleichen Jahr erschien ein Sondermodell „Motorsport", dem noch weitere folgen sollten. BMW baute davon 200 Einheiten in Weiß mit orangefarbenen und blauen Zierlinien und roter Scheinwerferumrandung. Dazu waren passende weiße Krauser-Koffer bestellbar, und viele der Fahrzeuge hatten einen dunkelblauen Bezug der Sitzbank.

R 100 RS, Modelljahr 1979

Für das Modelljahr 1979 erfuhr der M 65*-Motor seine tiefgreifendste Überarbeitung. Die Hauptabmessungen blieben gleich, aber Nockenwellenantrieb, Zündung und Antriebswelle wurden erheblich geändert. Diese Änderungen kamen auch bei den neuen Boxermodellen R45 und R 65 zur Anwendung (siehe Kapitel 6).

Motor und Antrieb

Alle Modelle erhielten wie bereits die US-Modelle eine einheitliche, schwarz lackierte obere Motorabdeckung mit seitlichen silberfarbenen BMW-Schriftzügen. In die Abdeckung integriert war weiter der Lufteinlass des Luftfiltergehäuses. Die R 100 RS erhielt ein neues Kurbelgehäuse, das sich von den anderen /7-Gehäusen unterschied. Alle Kurbelwellen erhielten zum Auswuchten keine Wolfram-Stopfen

Ab 1978 erhielt die R 100 RS Leichtmetallgussräder sowie eine Scheibenbremse im Hinterrad. Ein Aluminiumgussteil diente als Befestigungselement für den Brembo-Bremssattel.

Ab 1979 gehörte bei der R 100 RS ein Ölkühler zur Serienausrüstung, gleichzeitig schrumpften auch die Belüftungsöffnungen im unteren Verkleidungsmittelteil auf schmale seitliche Schlitze zusammen.

Eine goldene R 100 RS bei der Pressevorstellung in Arizona 1979. US-Modelle wie dieses hatten seitliche Reflektoren an der Teleskopgabel. Die Kleidung des Fahrers ist ganz im Stil der 1970er Jahre.
Bild: Mick Woollett

mehr, sondern genietete Gegengewichte an den Innenseiten der Kurbelwangen. Die Kurbelwellen der 1000-cm³- und 800-cm³-Motoren waren identisch und mit dem gleichen Wuchtfaktor ausgewuchtet. Der schwungradseitige Wellendichtring wies nun eine andere Tiefe auf als die bisherige Ausführung.

Zur besseren Abdichtung des unteren Zylinderbereichs setzte BMW ab Mai 1979 an dieser Stelle einen 93 x 2 mm großen O-Ring ein.

1979 wurde auch der Ölfiltereinsatz der R 100 RS (und R 100 RT) überarbeitet. Statt eines durchgehenden langen Einsatzes bestand er nun aus zwei kurzen Filtern, die über eine Art Scharnier miteinander verbunden waren. So ließ sich der Einsatz trotz der Vollverkleidung in die Öffnung im Motor einfädeln, in der endgültigen Einbaulage schoben sich die beiden Filterhälften zu einer Einheit zusammen.

Die Steuerkette der R 100 RS und /7-Modelle war nun eine Einfach-Rollenkette (50 Glieder; 3/8 x 7/32) und nicht mehr endlos, sondern mit einem Clipschloss versehen, was die Montage des Steuerkettenantriebs wesentlich erleichterte. Neu war auch ein federbelasteter Steuerkettenspanner mit hydraulischer Dämpfung. Eine Überarbeitung der Ölkanäle im vorderen Kurbelwellenlagerschild optimierte die Ölversorgung des hinteren Hauptlagers. Die Ölpumpe hatte einen neuen Innenrotor und saugte das Öl über ein anderes Sieb an. Die bisher verwendeten Siebe waren mitunter an der Schweißnaht eingerissen und hatten den Ölmessstab verklemmt. Der Kettenkastendeckel war nun (nur zur Dekoration) seitlich verrippt. Dafür war der vordere Motordeckel nun glatt, aber mit seitlichen Belüftungsöffnungen. Wie schon bei den US-Modellen im Vorjahr mündete die Kurbelgehäuseentlüftung nun in beide Ansaugkanäle.

Serienmäßig hatte die R 100 RS einen sechsreihigen Ölkühler, dessen Zufluss über ein Thermostat in einem neu konstruierten Ölfilterdeckel geregelt wurde, an den auch die Ölschläuche des Kühlers angeschlossen waren. Aber nicht alle frühen RS-Exemplare des Baujahrs 1979 waren mit einem Ölkühler versehen. Bei den US-Modelle gab es ab August 1979 (ab Fahrgestellnummer 6185422) weitreichende Änderungen: Sie erhielten neue Zylinder und Kolben und eine modifizierte Kurbelgehäuseentlüftung. Außerdem kamen neue Bing-Vergaser mit abgeändertem Chokegehäuse und anderer Bedüsung (Hauptdüse 165 und Nadeldüse 2.66) zum Einsatz. Da dies Vorgriffe auf Maßnahmen für US-Modelle des Modelljahres 1980 waren, werden diese im entsprechenden Abschnitt noch eingehender behandelt. Alle US-Modelle von 1979 hatten übrigens die kleineren Auspuffkrümmer mit 38 mm Querschnitt.

Eine wichtige Weiterentwicklung aller Versionen betraf das Zündsystem und machte den Leerlauf stabiler und die Einstellung des Zündzeitpunkts bei laufendem Motor leichter. Der Bosch-Unterbrecherkontakt befand sich jetzt in einem separaten Gehäuse unter der vorderen Motorabdeckung, wo auch der Unterbrechernocken samt Fliehkraftverstellung gelagert war. Der Antrieb des Unterbrechernockens erfolgte über ein geschlitztes Passstück (eine so genannte Oldham-Kupplung), das in die Stirnfläche der Nockenwelle eingriff. Damit konnten sich die Schwingungen der Nockenwelle nicht mehr auf den Unterbrecherkontakt übertragen, was einen genaueren Zündzeitpunkt gewährleistete. Zum Einstellen des Zündzeitpunkts konnte das komplette Gehäuse verdreht werden, während man durch das Schauloch im Motorblock die Zündmarkierung mit der Stroboskoplampe beobachtete. Der Schließwinkel des Unterbrecherkontakts lag nun bei 120°. Die maximale Frühverstellung war mit 32° etwas größer als zuvor.

Ein Ruckdämpfer in der Kardanwelle erleichterte es, den Gang herauszunehmen. Er war ähnlich aufgebaut wie der auf der Antriebswelle im Getriebe und bestand aus einem Druckstück, das über Federkraft in eine passende Aufnahme hineingepresst wurde. Die Verbesserung des Schaltverhaltens war merklich. Außerdem erhielt das Getriebegehäuse an der Außenseite rechtwinklig verlaufende Rippen für zusätzliche Stabilität und Wärmeableitung.

Fahrwerk

Wenige und eher unbedeutende Änderungen betrafen das Fahrwerk. Längere Federbeinaufnahmen am Rahmenheck erleichterten das Anbringen eines Gepäck- oder Kofferträgers. An der Teleskopgabel waren die obere Gabelbrücke und die Lenkschaftmutter geändert und die Instrumentenbefestigung verstärkt.

Die europäischen Modelle teilten jetzt die Seitenreflektoren der US-Modelle an den Gleitrohren. Wegen des Ölkühlers musste das untere Mittelteil an der Verkleidung geändert werden. Das vorher mit großen Öffnungen versehene Teil war nun fast völlig geschlossen und hatte nur noch eine Öffnung im oberen Bereich für den Ölkühler und sieben kleine Lüftungsschlitze auf jeder Seite im unteren Bereich. Infolgedessen konnte im vorderen Motorbereich ein Hitzestau entstehen, der die Diodenplatte beschädigte. In diesem Jahr wurde die R 100 RS serienmäßig mit der Doppelsitzbank ausgeliefert, die eine neue Polsterung und einen größeren schwarzen Beifahrerhaltegriff hatte, in den auch ein kleiner Gepäckträger integriert war. Die Einzelsitzbank wurde weiterhin als Zubehör angeboten. Als Farben standen Gold-metallic, Blau in Zweifarblackierung, und Silber-metallic mit roten Zierstreifen zur Auswahl. Anstelle des „1000cc"-Aufklebers prangte nun die Bezeichnung „R 100 RS" auf den Batterieabdeckungen. Bei den blauen Exemplaren mit silberfarbenen Abdeckungen waren diese Aufkleber weiß/rot. Einige Modelle hatten dagegen schwarze Abdeckungen mit weißen Schriftzügen.

Schließlich gab es im Modelljahr 1979 neue Lenkerschalter. Der Blinkerschalter war besser bedienbar, aber der Hupenknopf lag ungewohnt darüber. Auch die Magura-Lenkergriffe hatten eine neue Form und waren etwas größer. Das neue Rücklichtgehäuse war wieder schwarz und im Innern in zwei Kammern mit je einer Glühlampe unterteilt. Der Preis stieg auf stolze DM 12.310 an, jedoch war die R 100 RS nicht mehr alleine das teuerste BMW-Motorrad: die R 100 RT lag mit ihr gleichauf.

R 100 RS, Modelljahr 1980

Abgesehen von den US-Modellen waren die Daten der R 100 RS-Versionen von 1979 und 1980 praktisch identisch, und die Fahrzeuge des Modelljahrs 1980 hatten auch den gleichen Fabrikationscode (0377). Die Jahre 1978 und 1979 waren für BMW wegen des fallenden Dollarkurses äußerst schwierig, durch den der Absatz für teure Motorräder in den USA, ca. ein Drittel der Gesamtproduktion, einbrach. Die Zukunft sah düster aus. Ein Richtungswechsel war unbedingt erforderlich, und der Ausweg aus dieser Krise führte schließlich zur R 80 G/S und der K-Baureihe. Parallel dazu setzte BMW aber die kontinuierliche Weiterentwicklung des M 65*-Motors fort. Ab Januar 1980 änderte sich das Schmiersystem. Der Hauptölkanal führte jetzt zuerst zum vorderen Hauptlager, dann zur Nockenwelle und schließlich zum hinteren Hauptlager. Zuvor wurden zuerst die Nockenwelle und dann das vordere bzw. hintere Hauptlager mit Öl versorgt. Die Gleichdruckkolben der Bing-Vergaser erhielten neue Federn.

Zu den weiteren Modellpflegemaßnahmen für 1979 gehörte ein Gepäckträger am Sitzbankende. Die meisten R 100 RS waren jetzt mit einer Doppelsitzbank ausgerüstet.

An den US-Modellen waren mehr Änderungen nötig, um den Betrieb mit weniger bleihaltigem und bleifreiem Kraftstoff zu ermöglichen und schärfere Schadstoffgrenzwerte der Environmental Protection Agency (EPA) einzuhalten. 1979 führte bei den US-Modellen der niederoktanige Kraftstoff in den hochverdichteten Motoren mit ihren großen Einzelhubräumen zu Klopferscheinungen, noch verschlimmert durch die lange Endübersetzung.

Daher wurde 1980 nur bei den US-Modellen die Verdichtung auf 8,2:1 herabgesetzt. Die europäischen Modelle erhielten die Kurbelgehäuseentlüftung und den oberen Motordeckel der US-Modelle von 1979. Die Herabsetzung des Verdichtungsverhältnisses erforderte den Einbau neuer Kolben, Zylinder und Lufteinlässe. Die angegebene Motorleistung sank leicht auf 67 PS bei 7000 min^{-1}.

Offizieller Produktionsbeginn des 1980er Modelljahrs der US-Modelle war der November 1979, aber bereits im August 1979 (R 100 RS ab Fahrgestellnummer 6185422) erhielten die Maschinen die geänderten Bauteile.

Zur Emissionssenkung überarbeitete BMW an den US-Modellen auch das Luftfiltergehäuse und die Kurbelgehäuseentlüftung. Die neue obere Motorabdeckung mit seitlich eingegossenen BMW-Schriftzügen hatte nur noch zehn Schlitzöffnungen statt der aufgesetzten Ansaughutze. Die Entlüftung erfolgte über drei Schläuche, einen 26 cm langen Schlauch und zwei kürzere, die mit einem T-Stück verbunden waren. Der Luftfilterkasten war komplett neu: der

PRODUKTIONSZAHLEN R 100 RS, MODELLJAHR 1979 - 1980

MODELL	PRODUKTIONSZEITRAUM	1978	1979	1980	GESAMT
R 100 RS	08/78 - 07/80	704	2303	2323	5330
R 100 RS (USA)	09/78 - 07/80	209	223	87	519
R 100 RS-T (USA)	09/78 - 06/80	628	656	567	1851
					7700

Optisch sah die R 100 RS von 1981 dem Vorjahresmodell recht ähnlich, wies aber viele Verbesserungen auf. Auch die Farbauswahl war beträchtlich erweitert worden, wobei das hier abgebildete Blau nicht so häufig gewählt wurde.

Papierfilter rechteckig statt rund, sein Gehäuse aus Aluminium und mit einem Kunststoffdeckel mit zwei Ansaugschnorcheln verschlossen.

Vier Federbügel fixierten den Deckel, nach deren Lösen sich der Luftfiltereinsatz einfach zur Seite herausziehen ließ – deutlich leichter als bei der bisherigen Lösung. Das neue Luftfiltersystem verringerte das Ansauggeräusch trotz größerem Luftdurchsatz und kam daher ab 1981 mit kleinen Änderungen an alle Motoren.

BMW verwendete nun auch ein Sekundärluftsystem – ähnlich dem, das Kawasaki bereits einsetzte. Bei einem Sekundärluftsystem wird durch den pulsierenden Druck der Auspuffgase Frischluft in die Auslasskanäle gesaugt, die eine Nachverbrennung der unverbrannten Kohlenwasserstoffe bewirkt. Das System bestand aus zwei 10,5 mm dicken Rohren, die von einem Membranventil im Luftfilterkasten zu den Zylinderköpfen führten und dort mit einem Gewindestutzen verschraubt wurden. Das Membranventil sollte ein Zurückströmen der Abgase in den Luftfilterkasten verhindern. Allerdings war bei der ersten Ausführung dieses Systems die Sekundärluftzufuhr auch im Schiebebetrieb aktiv und löste lästiges Auspuffknallen aus. Die reduzierte Verdichtung der US-Modelle erforderte auch heißere Zündkerzen (Bosch W6D bzw. Champion N7Y).

Unterschieden sich die europäischen Modelle von 1980 auch wenig von den 1979er Modellen, so konnte man an den US-Modellen weitere Änderungen entdecken. Der Chokehebel befand sich bedienerfreundlich an der Kupplungshebelarmatur am linken Lenkerende, denn am Luftfilterkasten war kein Platz mehr dafür vorhanden. Vom Gasdrehgriff führte nur noch ein Gaszug zu einem Verteilerstück unter dem Kraftstofftank, von dem aus zwei weitere Züge zu den Vergasern verliefen. Die Spiegel hatten nun gewölbte Gläser und das Ablagefach unter der Sitzbank einen Deckel. Das nervige Blinkerpiepsen gehörte der Vergangenheit an. Schließlich gab es einen Tachometer mit einer gesetzlich vorgeschriebenen 85-Meilen-Skala.

Die unglückliche Kombination aus weniger Leistung und höherem Preis (in den USA kostete das Modell jetzt $ 7025) machte die R 100 RS für den amerikanischen Kunden nicht attraktiver, und so fand sie 1980 in den USA nur wenige Käufer. Es lag nicht nur am Preis, denn der in die Jahre gekommene M 65*-Motor erfüllte die Abgas- und Geräuschvorschriften nicht ohne spürbare Leistungseinbußen. Die Version von 1980 war nur eine Zwischenlösung, bis 1981 der wesentlich effizientere A 10-Motor vorgestellt wurde – einhergehend mit einer Veränderung der US-Vertriebsstruktur, denn BMW North America übernahm die Geschäfte von Butler & Smith.

R 100 RS, Modelljahr 1981

Kontinuierliche Feinarbeit am 1000 cm^3 großen Boxermotor führte schließlich zum 1981 vorgestellten A10-Motor. Hinter den Fabrikmauern hatte schon fast das Totenglöckchen für den großen Boxer geläutet, aber diese Evolutionsstufe war die Krönung einer langjährigen Entwicklung. Bedeutende Verbesserungen an Antrieb und Fahrwerk ließen die R 100 RS der Jahre 1981 bis 1984 zum wohl erfolgreichsten Vertreter dieser ausgezeichneten Baureihe werden. Die elegante R 100 RS von 1977 war der Klassiker, aber die Jahre 1981 bis 1984 boten die besten Eigenschaften dieses herausragenden Motorrads. Die Neuauflage der R 100 RS von 1986 wies besonders

Dem Auge des Betrachters verborgen blieben die Nikasil®-Zylinder und die elektronische Zündung. Die Umlenkung des Schaltgestänges wurde in vereinfachter Form bereits 1978 eingeführt, die Außenverrippung des Getriebes 1979. Hier handelt es sich um ein Modell von 1982, bei dem – wie in dieser Zeit häufig – der Benzinhahnausgang nach hinten gerichtet ist.

Der neue Luftfilterkasten war nicht so harmonisch in den Motor-/Getriebeblock integriert wie das vorherige Aluminiumgehäuse, ermöglichte aber einen wesentlich einfacheren Austausch des Luftfilterelements.

Ab 1981 kamen auch neue 40-mm-Bing-Vergaser zu Einsatz.

An den US-Modellen befand sich der Chokehebel ab 1980 am Lenker; diese Lösung erhielten ab 1981 alle Modelle. Die Schaltereinheit ist eine europäische Ausführung mit einem Lichtschalter.

beim Fahrwerk einige Verbesserungen auf, doch konnte sie in Fahrleistungen und Erscheinungsbild nicht mit den Modellen aus der Zeit von 1981 bis 84 mithalten. Was 1981 immer noch schmerzte, war der hohe Preis.

Motor und Antrieb

Die R 100 RS erhielt ein verstärktes Motorgehäuse, das sich von hubraumgleichen anderen Versionen unterschied und wieder geänderte Ölkanäle aufwies. Eine tiefere Ölwanne mit neuer Ablassschraube erforderte einen längeren Ölmessstab und erhöhte die Ölfüllmenge auf 2,75 Liter (mit serienmäßigem Ölkühler).

Eine wesentlichen Neuerung waren die Zylinder. Statt eines Verbundzylinders aus Aluminium mit eingegossener Laufbuchse wurde jetzt eine Beschichtung aus Siliziumkarbid direkt auf das Aluminium aufgebracht. Je nach Hersteller wird dieses Verfahren als Nikasil® (Mahle) oder Galnikal® (Kolben Schmidt) bezeichnet. Die neuen Zylinder wogen nur noch 2025 Gramm, 1035 Gramm weniger als bisher, und Wärmeübergang und Verschleißverhalten waren besser. Bei der Herstellung wurden Kolben und Zylinder einander zugeordnet, ein Aufbohren der Zylinder im Schadensfall war nicht möglich. Die Zylinderfüße wurden ab Werk nicht mehr mit Dichtmasse eingesetzt, die O-Ringe blieben natür-

Eine Neuerung im Modelljahr 1981 war das leichtere Hinterradantriebsgehäuse, das im Druckgussverfahren hergestellt wurde.

Warn- und Hinweisaufkleber gab es an der R 100 RS genug; an den europäischen Modellen war dieser Hinweis auf den Verbandskasten zu sehen.

Der jetzt am Lenker befestigte Hauptbremszylinder der Vorderradbremse vermittelte ein völlig neues Bremsgefühl.

Eine der wichtigsten Verbesserungen war die grundlegende Überarbeitung der Vorderradbremse, bei der unter anderem Brembo-Festsättel die ATE-Schwingsättel ersetzten. Außerdem hatte auch das Leichtmetallgussrad eine etwas breitere Felge.

VERGASERDATEN R 100 RS (1981 - 1984)

LINKER VERGASER	BING 94/40/111 111 (US-MODELLE 113)
RECHTER VERGASER	BING 94/40/112 (US-MODELLE 114)
HAUPTDÜSE	160
NADELDÜSE	2.68
DÜSENNADEL	46-341
NADELPOSITION	3 (US-MODELLE 2)
LEERLAUFDÜSE	45

lich. Die Stößelstangenschutzrohre konnten nicht mehr nachgesetzt werden, sie waren fest mit den Zylindern verbunden.

Die hinteren und vorderen Zylinderstehbolzen waren mit 305 mm gleich lang, und die Desachsierung des Kolbenbolzens wurde von 1,5 mm auf 1,0 mm zurückgenommen. Für die europäischen Modelle wurde eine Verdichtung von 9,5:1 angegeben und eine Leistung mit 70 PS bei etwas niedrigeren 7000 min^{-1}. Die US-Modelle hatten weiterhin eine Verdichtung von 8,2:1, allerdings gab es dazu keine Leistungsdaten.

An die unveränderte Kurbelwelle war ein neues, wesentlich leichteres Schwungrad (von BMW als Kupplungsgehäuse bezeichnet) angeflanscht. Es war nicht aus Metallguss, sondern als Pressstahlteil mit mehreren kräftigen Speichen ausgeführt, an das der Anlasserzahnkranz angenietet war. Ein auf das hintere Kurbelwellenende geschobener Laufring, über einen innenliegenden O-Ring abgedichtet, diente als Aufnahme. Der hintere Kurbelwellendichtring dichtete wiederum die Außenseite des Laufrings ab; diese Lösung hatte den Vorteil, dass bei Verschleiß der Wellendichtring-Lauffläche nur der Laufring ersetzt werden musste. Neu waren auch die Zylinderköpfe mit von 2,0 mm auf 1,5 mm verringerter Ventilsitzbreite. Allerdings zog diese Änderung häufig eingeschlagene Ventilsitze nach sich, besonders in den USA beim Betrieb mit bleifreiem Kraftstoff.

Alle Modelle des Baujahrs 1981 erhielten die Kurbelgehäuseentlüftung mit den in beide Ansaugrohre mündenden Schläuchen der US-Modelle seit 1979. Der Kettenkastendeckel musste an die neue elektronische Zündung angepasst werden und war jetzt außen schwarz mit polierten senkrecht verlaufenden Zierrippen. Diese Ausführung war zuerst an der kleineren R 65 zu finden.

Die neuen 40-mm-Bing-Vergaser hatten eine erheblich verbesserte Führung der Gleichdruckkolben im Vergasergehäuse. Das 1980 bei den US-Modellen eingeführte rechteckige Luftfiltergehäuse war jetzt Standard an allen Modellen. Der Luftfiltergehäusedeckel aus Kunststoff hatte zwei abnehmbare, nach vorne weisende Ansaugschnorchel. Die glattere Oberfläche des Materials sollte eine bessere, weniger turbulente Strömung der Ansaugluft erlauben. Darunter befand sich auf dem Aluminiumluftfiltergehäuse der sehr gut zugängliche rechteckige Papierluftfiltereinsatz. Wegen der eigenen Ansaugöffnungen des Luftfiltergehäuses wurde der obere

Motordeckel geändert. Er hatte jetzt nur noch Belüftungsschlitze und keine Ansaughutze mehr.

An den US-Modellen war das Membranventil des Sekundärluftsystems modifiziert worden. Mittels Saugrohrdruck wurde im Schiebebetrieb die Sekundärluftzufuhr unterbrochen und so das Auspuffknallen reduziert. Ein Vorteil dieses Systems war, dass es eine fettere Vergaserabstimmung mit besserem Kaltstartverhalten und Gasannahme über den gesamten Drehzahlbereich erlaubte, weil vermehrt auftretende unverbrannte Kohlenwasserstoffe durch die Nachverbrennung wieder beseitigt wurden.

Ab 1981 hatten alle RS-Modellen den Chokehebel am linken Lenkerende an der Kupplungshebelarmatur. Der Magura-Gasdrehgriff hatte das bekannte perfekt funktionierende System mit Winkelgetriebe und Kettenumlenkung, das die Drosselklappen nun bewegte wie bei 1980er US-Modellen: Ein einzelner Bowdenzug führte zu einem Verteilerstück unter dem Tank, von dem aus zwei Gaszüge zu den Vergasern abzweigten. Dank etwas geringerer Reibung ließen sich die Drosselklappen leichter öffnen.

Die Auspuffkrümmer maßen nun 38 x 1,5 mm, und ein zusätzliches Interferenzrohr hinter der Ölwanne verbreiterte das Leistungsband. Neue Sternmuttern und Auspufftöpfe vervollständigten die Überarbeitung; die US-Modelle erhielten wieder eigene Schalldämpfer.

Die guten Erfahrungen mit der kleineren R 65 bewiesen eindeutig die Vorteile einer leichteren Kupplung/Schwungradeinheit, besonders in Verbindung mit dem Ruckdämpfer in der Kardanwelle. Daher bekam auch der A10-Motor diese Komponenten. Das Gewicht von Kupplung und Schwungrad zusammen sank um 40 % auf ca. 4,5 kg, was sich mit einem spürbar schnelleren Hochdrehen bemerkbar machte. Zur Gewichtsreduzierung trugen auch eine dünnere Kupplungsscheibe und Druckplatte sowie eine geänderte, wesentlich stärkere Kupplungsfeder bei. Die Handkraft zur Betätigung der Kupplung über einen kugel- und nadelgelagerten Ausrückmechanismus konnte durch eine neue Ausrückstange, einen neuen Kupplungskolben und Ausrückhebel um 40 % verringert werden.

Umfangreiche Änderungen betrafen das Getriebe. Modifiziert waren die Abtriebswelle, die Antriebswelle samt Zahnrad und Dichtring, der hintere Getriebedeckel, die Übersetzung und die Segmentwelle des optional erhältlichen Kickstarters und die Kugelgelenke des Schaltmechanismus. Unverändert blieben die Übersetzungen. BMW überarbeitete auch den Ruckdämpfer auf der Kardanwelle und befestigte den Faltenbalg am Kardangelenk mit neuen Schellen. Das Gehäuse des Hinterradantriebs war ähnlich dem für die Einarmschwinge der R 80 G/S. Im Druckgussverfahren hergestellt, war es trotz geringeren Gewichts stabiler. Das Kegelrad im Hinterradantrieb erhielt ein neues Nadellager der Größe 15 x 30 x 18 mm (bisher 15 x 32 x 17 mm).

Die Änderungen an den Instrumenten für das Modelljahr 1981 beinhalteten unter anderem einen elektronischen Drehzahlmesser und eine überarbeitete Warnleuchtenanordnung.

Trotz zahlreicher Änderungen an Motor und Fahrwerk wirkte das Cockpit weiterhin vertraut und wies auch noch das Handrad für den Lenkungsdämpfer auf.

Auch wenn die R 100 RS 1982 schon in das sechste Modelljahr ging, war sie immer noch ein idealer Sporttourer. Diese Maschine (Fahrgestellnummer 6392852) ist noch im unrestaurierten Originalzustand.

Die Doppelsitzbank der R 100 RS wies immer ein besonderes Typenemblem auf.

Elektrische Anlage und Zündsystem

Eine stabilere Ladeleistung zeichnete den neuen 280 Watt-Generator aus (Bosch G1 14V 20A), der 1981 mit einem elektronischen Regler von Wehrle (E1951B/14V) verbaut wurde. Stärker war auch der Anlasser, der jetzt 0,7 PS leistete. Eine der praktischsten Änderungen war die elektronische TSZH-Zündung von Bosch. In einem Gehäuse, das dem Unterbrechergehäuse der letzten Kontaktzündung sehr ähnlich sah, war jetzt ein Hallsensor untergebracht, der einen Transistor zum Schalten des Primärstroms der erleichterten 6-V-Zündspulen steuerte. Die Frühverstellung erfolgte weiter mechanisch über einen Fliehkraftregler im selben Sensorgehäuse. Wie bisher begann die Verstellung bei 1550 min^{-1} und erreichte bei 3000 min^{-1} 32°. Für alle Modelle außerhalb der USA waren folgende Zündkerzen empfohlen: Bosch W5D, Beru 14-5D oder Champion N6Y. US-Modelle sollten die Typen Bosch W6D, Beru 14-6D oder Champion N7Y verwenden.

Neu in der elektrischen Anlage waren auch die BMW-Mareg-Batterie mit einer Kapazität von 28 Ah und Blinker von Hella (TBB 53).

Fahrwerk

Auch Rahmen und Schwinge wurden für das Modelljahr 1981 leicht geändert, gleich blieben jedoch der Lenkkopfwinkel mit 28,5° und der Nachlauf mit 95 mm. Ein überarbeitetes Rahmenheck erleichterte den Zugang zur Batterie. Erfahrungen aus der Entwicklung der R 80G/S-Einarmschwinge flossen in die Konstruktion der neuen R 100 RS-Schwinge ein. Die Schwingenlagerung erhielt neue Lagerzapfen, Dichtringe und Kegelrollenlager. Im Januar 1981 wurden die Lager nochmals geändert. Ab April 1981 verwendete BMW neue Typenschilder. Alle RS-Modelle von 1981 erhielten zudem einen Warnaufkleber, der auf die leistungsfähigere elektronische Zündung hinwies.

An der Optik der Leichtmetallgussräder hatte sich nichts geändert, aber das Vorderrad hatte nun eine breitere Felge und damit die Größenbezeichnung 2,15B x 19. Die Reifengröße vorn blieb mit

Als sich die Ablösung der R 100-Baureihe durch die K100 abzeichnete, erschienen einige Sondermodelle der R 100 RS. Hier ist ein Exemplar der letzten europäischen Classic Serie 500 von 1984 zu sehen. Die letzten US-Modelle waren weiß.

3.25H - 19 gleich. Am Hinterrad änderte sich nichts, Felgengröße (2,75B x 18) und Reifengröße (4.00H - 18) waren identisch mit den Vorgängermodellen.

Die Teleskopgabel von Sachs wies zahlreiche Modifikationen auf: Kürzere Gabelfedern (539 mm) mit dickerem Drahtdurchmesser (4,25 mm), neue Dämpfer und Tauchrohre mit einer angegossenen Aufnahme für den Seitenreflektor.

Luftgekühlte BMW Boxer

Der Federweg blieb bei kleinerer Ölfüllmenge (220 cm^3) gleich. Einige RS-Exemplare hatten Gleitrohre ohne Farbe auf dem Aluminium, aber die meisten hatten schwarz lackierte Tauchrohre. Im Verlauf des Jahres 1981 (ab Fahrgestellnummer 6077830) erhielten die Teleskopgabeln eine zusätzliche Druckfeder am unteren Ende der Dämpferkolbenstange. Gleich geblieben waren die Boge-Federbeine, gegen Aufpreis gab es die selbstnivellierenden Nivomat-Federbeine der R 100 RT.

Wesentlich verbessert war die Vorderradbremse durch Brembo-Festsättel mit 38 mm großen Bremskolben, asbestfreien Bremsbelägen und neuem am Lenker montierten Hauptbremszylinder. Der Durchmesser der gelochten Bremsscheiben betrug 260 mm. Der neuen Bremse wurden um 40 % bessere Nassbremswege zugeschrieben. Der Kolbendurchmesser des Hauptbremszylinders lag anfangs bei 16 mm und wurde später auf 15 mm verkleinert. In die Bremsleitungen der Vorderradbremse war ein an der unteren Gabelbrücke angeschraubtes T-Stück integriert, das den Bremslichtschalter aufnahm. Am Hinterrad wurde die Bremsscheibe des Vorjahresmodells mit dem kleineren 14-mm-Hauptbremszylinder des 79er R 100 RS-Modells kombiniert. Dadurch konnte die Hebelübersetzung günstiger für die Dosierbarkeit ausgelegt werden.

An der Verkleidung blieb alles gleich, nur der vordere Kotflügel erhielt wegen der neuen Gleitrohre eine geänderte Aufnahme mit kürzeren Befestigungsschrauben. Optional war weiter ein längerer Kotflügel bestellbar. Die RS war in Rauchschwarz oder Rot (ohne Zierlinien) mit weißen „R 100 RS"-Aufklebern auf den Batterieabdeckungen erhältlich. Ein Sondermodell war die „John Player Special" in schwarzer Farbe mit goldenen Rädern und Aufklebern im Stil der bekannten JPS-Rennwagen.

Scheinwerfer und Rücklicht blieben unverändert wie der Tachometer, der Drehzahlmesser war nun elektronisch. Am unteren Ende der Reihe Warn- und Kontrollleuchten ersetzte die Fernlichtkontrolle

Jedes Classic Serie-Exemplar hatte ein solches nummeriertes Emblem. Eine kleine Prägung weist diese Maschine als Nummer 362 aus, aber um sie zu identifizieren muss man schon genau hinsehen.

Das Sondermodell „Classic Serie“ erhielt unter anderem auch eine andere Sitzbank.

Nach 1982 hatten die Gepäckkoffer aus dem BMW-Zubehörprogramm diese eckige Form, für die „Classic Serie“ wurden sie sogar silberfarben lackiert.

Eine getönte Verkleidungsscheibe gehörte ebenfalls zu den Besonderheiten der „Classic Serie“. Ab 1978 waren die seitlichen unteren Verkleidungsteile geschlitzt, um sie einfacher abnehmen zu können.

die Bremsenwarnleuchte. Die US-Modelle hatten weiter den lächerlichen 85-Meilen-Tachometer und die Dauerlichtschaltung.

Weiterhin hatte die R 100 RS den zweistufig einstellbaren hydraulischen Lenkungsdämpfer. Nach jahrelangen Kundenbeschwerden überarbeitete BMW Funktion und Ausführung von Haupt- und Seitenständer und verschloss dabei auch das untere Ende des Hauptständers mit Gummistopfen. Neben der hinteren Blinkeraufnahme war auch die Befestigung der Fußrasten geändert – etwas höher und weiter hinten. Anfang 1981 gab es eine Rückrufaktion wegen der rechten Fahrerfußraste, deren Anordnung die Bedienung der Hinterradbremse beeinträchtigen konnte. Die Beifahrerfußrasten waren jetzt verstellbar. Das Schaltgestänge erhielt hochwertige Kugelgelenke, dafür entfiel der Schmiernippel am Schalthebel.

R 100 RS, Modelljahr 1982

Die unmittelbar vor der Einführung stehende K-Baureihe beanspruchte den Großteil der Entwicklungskapazitäten und BMW änderte am 1982er Modell der R 100 RS nur wenig. Der Motor blieb unverändert. Ab Januar 1982 wurden ein modifizierter Rahmen und ein neuer Hauptständer verbaut. Im April erhielt die R 100 RS ein neues Zahnrad auf der Antriebswelle und einen neuen fünften Gang. Das Ein-Schlüssel-System wurde überarbeitet. Die US-Modelle hatten ab Fahrgestellnummer 6226150 eine neue Halterung der hinteren Blinker.

Im Laufe des Jahres 1982 änderte sich bei den Karcoma-Benzinhähnen die Position des Benzinleitungsanschlusses. An den meisten Hähnen (aber nicht allen) wies der Anschluss jetzt nach hinten statt nach unten und ließ mehr Platz für Gas- und Chokezüge. Die Germa-Benzinhähne blieben gleich. Die 40-Liter-Koffer aus dem Zubehörprogramm waren rechtwinkliger geformt und besser am Träger befestigt, und bei den US-Modellen jetzt Serienausstattung ohne Preiserhöhung ($ 7025). Weitere Farben wurden erhältlich, darunter für den europäischen Markt die Sonderfarbe Perlmutt-Weiß-metallic mit roten Zierlinien. Eine nummerierte Sonderserie, die R 100 RSR, war in erster Linie für den japanischen Markt gedacht. Diese Maschinen waren schwarz mit roten oder weißen Zierlinien.

R 100 RS, Modelljahre 1983 bis 1984

In den letzten beiden Jahren vor der Einstellung der Produktion wurde die R 100 RS nur wenig geändert. Ab Mai 1983 erhielten alle Boxermodelle neue Luftfiltereinsätze, und ab März 1983 wurde im Flansch des Hinterradantriebs ein zusätzlicher Passstift eingebaut.

Außerdem gab es 1983 einen neuen Kabelbaum und Änderungen an den Kofferschlössern und den Schlüsseln. Am Getriebe wurde noch eine neue

Mit der Farbgebung Blau/ Silber des letzten R 100 RS-Sondermodells „Classic Serie 500“ sollte eine Verbindung zu den ersten Modellen hergestellt werden.

Schaltkurve mit ausgeprägteren Vertiefungen eingesetzt, um falsche Leerlaufstellungen zu verhindern. Dieses Bauteil, ursprünglich von der R 80 ST (Kapitel 8), konnte bei allen Boxermodellen ab 1969 nachgerüstet werden. 1983 kehrte endlich bei den US-Modellen der Tachometer mit 140-Meilen-Skala zurück. Der Preis in den USA sank vorübergehend auf $ 6590 und stieg 1984 wieder auf $ 6990. Die Leichtmetallgussräder erhielten 1984 angegossene Verstärkungen der Speichen, wo Risse aufgetreten waren.

Kurz vor Ablösung durch die K100-Baureihe legte BMW 1984 zwei Sondermodelle auf, mit denen die R 100-Produktion enden sollte. Für Europa war es die „Classic Serie 500“ in Blau und Silber mit durchnummerierten Exemplaren – die Nummer auf Emblemen auf jeder Verkleidungsseite, dazu eine dicker gepolsterte Sitzbank mit einem anderen Bezug, eine getönte Verkleidungsscheibe und passende silberfarbene Koffer. Für den US-Markt gab es eine auf 250 Exemplare limitierte Sonderserie in weiß mit roten und blauen Zierlinien und Gepäckkoffer, einer Einzel- und Doppelsitzbank und einem BMW System 2-Helm.

Damit sollte die R 100 RS eigentlich ausgedient haben – aber aufgrund der hohen Nachfrage vieler Enthusiasten erfolgte nur zwei Jahre später die Wiederauferstehung mit einer Einarmschwinge. Für viele eingefleischte R 100 RS-Fahrer war die neue Version nur ein blasses Abbild des Originals und nicht mehr dieses atemberaubende Motorrad, das 1976 die Welt in Staunen versetzt hatte – was die Anziehungskraft der ursprünglichen Version nur weiter erhöhte.

Nach 1982 erhielten die Leichtmetallgussräder zur Vermeidung von Rissbildung zusätzliche Verstärkungsstege.

MASSE, GEWICHTE UND FAHRLEISTUNGEN DER R 100 RS (1981 - 1984)

BREITE	746 MM
SITZHÖHE	818 MM
LÄNGE	2210 MM
HÖHE	1311 MM
RADSTAND	1466 MM
GEWICHT VOLLGETANKT (DIN)	230 KG
HÖCHSTGESCHWINDIGKEIT	200 KM/H
BESCHLEUNIGUNG VON 0 - 400 M	13,2 S

PRODUKTIONSZAHLEN R 100 RS, MODELLJAHR 1981 - 1984

MODELL	PRODUKTIONSZEITRAUM	1980	1981	1982	1983	1984	GESAMT
R 100 RS	09/80 - 10/84	1073	3907	3748	2263	42	11.033
R 100 RS (USA)	09/80 - 10/84	256	860	215	772	284	2387
							13.420

Kapitel 6

R 60/7, R 75/7, R 80/7, R 100/7, R 100 T, R 100 S (1977 bis 1980)

In der R 100 S setzte sich das Styling der R 90 S fort. Zwar hatte die R 100 RS den Spitzenplatz in der Modellpalette eingenommen, aber die R 100 S war das schnellere Motorrad. 1977 und 1978 war die Nachfrage danach in den USA relativ hoch, aber Modelle aus dem Jahr 1979 – wie das abgebildete – sind selten.

Neben der R 100 RS erschien 1977 mit den /7-Modellen eine neue Generation aus fünf verschiedenen Motorrädern und löste die erfolgreiche /6-Baureihe ab. Der Hubraum der Spitzenmodelle stieg auf 980 cm^3 wie bei der R 100 RS an. Wie zuvor machte BMW auch bei der /7-Baureihe vom Baukastensystem regen Gebrauch, viele Teile waren mit der teuren R 100 RS baugleich. Die 900-cm^3-Modelle wurden eingestellt. Aus R 90 S und R 90/6 wurden mit dem 980-cm^3-Motor die R 100 S und R 100/7. Auch den neuen 600-cm^3- und 750-cm^3-Versionen sollte kein langes Leben beschert sein. Die R 75/7 wurde nur kurz gebaut, schon 1978 löste die hubraumgrößere R 80/7 sie ab. Auch die R 60/7 wurde bereits Ende 1978 von der neuen R 65 ersetzt. Daneben gab es weitere kurzlebige Varianten der /7-Baureihe. Manche waren speziell für den US-Markt vorgesehen, wie die R 100 S Touring, die eigentlich eine R 100 T war. Besonders gefragt in den USA war die R 100/7.

R 60/7, R 75/7, R 100/7 und R 100 S, Modelljahr 1977

Die R 100 S setzte den Stil ihrer berühmten Vorgängerin fort und war in vielen Punkten moderner, hatte aber nicht den Mythos der R 90 S. Und trotz etwas geringerer Leistung war die R 90 S im direkten Vergleich vielleicht das bessere Motorrad. Viele der Weiterentwicklungen, die mit der R 100 RS eingeführt wurden, kamen auch den anderen /7-Modellen zugute.

Motor

Wie die Vorgänger hatte jedes /7-Modell eine etwas abgewandelte Ausführung des 247/76-Motors. Im Inneren des Motors bestanden zwischen den R 60/7 und 75/7 und ihren jeweiligen Vorgängern praktisch keine Unterschiede. Auch der 100/7-Motor entsprach im Prinzip dem R 90/6-Triebwerk. Weiter gab es nur zwei verschiedene Nockenwellen,

den /7 in Fahrzeugfarbe lackiert, bei der R 100 RS blieb er dagegen schwarz. Ein doppelter Zierstreifen umrundete die seitlichen Tankflächen, etwas sparsamer liniert war die R 100 S – wie schon R 90 S und R 100 RS. Die lenkerfeste Cockpitverkleidung der R 100 RS stammte von der R 90 S – wie die Doppelsitzbank, allerdings mit einem schwarzen Beifahrerhaltegriff. Auch der links angebrachte Griff zum Aufbocken des Motorrads war bei der R 100 S schwarz, bei den /7-Modellen verchromt.

Schwarz waren auch die mit goldfarbenen „1000 cc"-Schriftzügen beklebten Batterieabdeckungen. 1977 gab es die R 100 S nur in Rot-Metallic mit goldenen Zierlinien, die /7-Modelle aber in drei verschiedenen Farben: Avus-Schwarz, Blau-metallic und Rot-metallic. Die Doppelsitzbank der /7 ähnelte der /6, mit einer Prägung auf der Sitzfläche und einem verchromten Haltegriff. Die Zierleisten am unteren Sitzbankrand waren nun schwarz statt verchromt, die Rückseite trug ein rundes BMW-Emblem mit einem modellspezifischen Schriftzug. Natürlich hatten die /7-Modelle auch die neuen Fußrastengummis mit rechteckigem Querschnitt.

Identisch zur letzten /6-Version waren die Instrumente und ihre Anordnung, mit der R 100 RS gemein waren die Lenkerschalter mit verlängerten Schaltknöpfen für Blinker und Aufblendschalter. Bei der R 100 S und den /7-Modellen blieb auch das Zündschloss an der bekannten Stelle im linken Scheinwerferhalter. Umfangreich wie bisher war das Zubehörangebot, das vom Kickstarter über einen Ölkühler bis hin zu einer Tourenscheibe und Nivomat-Federbeinen reichte.

MASSE, GEWICHTE UND FAHRLEISTUNGEN
R 60/7, R 75/7, R 100/7 UND R 100 S

	R 60/7	R 75/7	R 100/7	R 100 S
BREITE	746 MM	746 MM	746 MM	746 MM
SITZHÖHE	810 MM	810 MM	810 MM	820 MM
LÄNGE	2179 MM	2179 MM	2179 MM	2179 MM
HÖHE	1080 MM	1080 MM	1080 MM	1209 MM
RADSTAND	1466 MM	1466 MM	1466 MM	1466 MM
GEWICHT TROCKEN	195 KG	195 KG	195 KG	200 KG
GEWICHT VOLLGETANKT	215 KG	215 KG	215 KG	220 KG
HÖCHSTGESCHWINDIGKEIT	167 KM/H	177 KM/H	188 KM/H	200 KM/H
BESCHLEUNIGUNG VON 0 – 160 KM/H	27,5 S	19,8 S	13,7 S	12,6 S

R 60/7, R 80/7, R 100/7 und R 100 S, Modelljahr 1978

Ab dem Modelljahr 1978 löste die R 80/7 die R 75/7 ab, von der einige noch für Europa als 1978er Modelle entstanden. Der größte Unterschied zwischen R 80/7 und R 75/7 waren um 2,8 mm größere Kolben und Zylinder, die Motorbezeichnung lautete M85*. BMW bot das Motorrad auch mit niedrigerer Verdichtung in einer 50 PS-Version als R 80/7 N in erster Linie für den deutschen Markt an. Die Zylinderköpfe blieben unverändert, der 800-cm³-Motor war mit 63,5 kg (mit Anlasser, Vergasern und Motoröl) sogar geringfügig leichter als der 750er. Die schleppende Nachfrage in den USA nach der R 60/7 führte dazu, dass nur noch wenige bis Ende 1977 als Modelljahrgang 1978 produziert wurden. Außerdem gab es in diesem Jahr verschiedene zusätzliche Behörden- und Tourenmaschinen wie die R 60/7 T und R 80/7 T.

Alle /7-Modelle erhielten die im Kapitel zur R 100 RS detailliert beschriebenen Modifikationen. Die US-Modellen erhielten gemeinsam mit einem geänderten oberen Motordeckel die in beide Ansaugrohre mündende Kurbelgehäuseentlüftung bei der R 80/7 ab Fahrgestellnummer 6124338, bei der R 100/7 ab Nummer 6147574 und bei der R 100 S ab Nummer 6163465. Diese drei Modelle bekamen auch eine neue Nockenwelle. Die R 80/7 war das erste Modell, dessen Kolbenbolzen mit Seeger®-Ringen gesichert war. Die R 80/7 hatte wieder die 2,6 mm starke Kupplungsfeder. Die elektrische Anlage und das Zündsystem waren unverändert, nur jetzt mit heißeren Zündkerzen: Bosch W175T30, Beru 175/14/3A oder Champion N10Y. Auch die R 60/7 erhielt eine neue Nockenwelle mit gleichen Öffnungswinkeln, aber um 6° nach früh verstellten Steuerzeiten. Neu an der R 80/7 war ein Bing-Vergaser mit flachem Abschlussdeckel. Die Feder des Gleichdruckkolbens war entfallen, daher baute der Deckel niedriger.

Im Modelljahr 1978 erhielt die US-R 100 S (ab Fahrgestellnummer 6163465) ebenfalls neue Bing-Vergaser mit einer magereren Abstimmung.

Die 1977 verwendeten Lenkerschaltereinheiten waren leicht unterschiedlich und wiesen am Schalterknopf eine Verlängerung für eine bessere Erreichbarkeit mit dem Daumen auf.

An der rechten Schaltereinheit war ebenfalls eine Verlängerung am Blinkerschalter vorhanden. Diese Schalter wurden bis Ende Modelljahr 1978 verwendet.

MOTORDATEN R 80/7

BOHRUNG (MM)	HUB (MM)	HUBRAUM (CM³)	VERDICHTUNG	LEISTUNG NACH DIN
84,8	70,6	797	9,2:1	55 PS BEI 7000 MIN⁻¹

VERGASERDATEN R 80/7

LINKER VERGASER	BING 64/32/201
RECHTER VERGASER	BING 64/32/202
HAUPTDÜSE	145
NADELDÜSE	2.66
DÜSENNADEL	46-241
NADELPOSITION	3
LEERLAUFDÜSE	50

MASSE, GEWICHTE UND FAHRLEISTUNGEN DER R 80/7

BREITE	746 MM
SITZHÖHE	810 MM
LÄNGE	2179 MM
HÖHE	1080 MM
RADSTAND	1466 MM
GEWICHT VOLLGETANKT (DIN)	215 KG
HÖCHSTGESCHWINDIGKEIT	182 KM/H
BESCHLEUNIGUNG VON 0 - 160 KM/H	15,6 S

1978 erschienen die neuen R 80/7. Dieses frühe Exemplar ist mit /6-Ventildeckeln und umfangreichem Zubehör ausgerüstet. Dazu gehören Krauser-Koffer, Tourenscheibe, Kickstarter, Zusatzscheinwerfer, eine zweite Bremsscheibe und Zusatzinstrumente.

Die Bing-Vergaser an den ersten R 80/7 hatten einen flachen oberen Schieberdeckel, weil keine Feder für den Gleichdruckkolben vorhanden war.

Ab 1978 erhielten alle R 100 S ab Werk Leichtmetallgussräder und eine Festsattelbremse von Brembo.

R 60/7, R 75/7, R 80/7, R 100/7, R 100 T und R 100 S

Ab diesem Jahr war der Schalthebel an der Fahrerfußraste gelagert und betätigte über ein Gestänge den getriebeseitigen Schalthebel.

BMW änderte 1978 an der R 80/7 die Übersetzung des Hinterradantriebs. Alle US-R 80/7 bis Fahrgestellnummer 6124337 hatten die Übersetzung 3,36, ab Nummer 6124338 wurde sie auf 3,20 verlängert. Die US-R 100/7 erhielt ab Fahrgestellnummer 6147575 den mit 3,09 übersetzten Antrieb der europäischen Modelle. Damit einher ging ein Tachometer mit der Wegstreckenzahl W = 1,144.

Auch die Fahrwerksänderungen des Modelljahres 1978 stimmten meist mit denen der R 100 RS überein. Zwar hatten die ersten R 100 S-Exemplare des Modelljahres 1978 noch Drahtspeichenräder und Trommelbremse hinten, aber schon bald begann BMW diese durch Leichtmetallgussräder und Brembo-Bremsscheiben der R 100 RS zu ersetzen. Die anderen /7-Modelle behielten die Drahtspeichenräder samt Trommelbremse, für die USA gab es jedoch eine spezielle R 100/7-Version mit Leichtmetallgussrädern und Trommelbremse. Ursprünglich 1977 für die erste R 100 RS angeboten, sollten diese Räder 1979 bei der R 100 T Verwendung finden. An den Guss- wie auch an den Speichenrädern kamen neue Wellendichtringe zum Einsatz, die Nabe des Drahtspeichenrads war abgeändert. Alle US-/7 hatten serienmäßig nur eine Einscheibenbremse, die europäische R 80/7 und R 100/7 dagegen bereits ab Werk die Doppelscheibenbremse. Für die europäischen /7 waren Gussräder und hintere Scheibenbremsen der R 100 S/RS bestellbar. Die R 100/7 und R 100 S erhielten die neuen Dämpferkolben-

HINTERRADANTRIEBSÜBERSETZUNGEN 1978

	ZAHNEZAHL	ÜBERSETZUNGSVERHÄLTNIS
R 60/7	9:32	3,56
R 80/7	10:32	3,20 (3,36)
R 80/7 (NIEDRIGE VERDICHTUNG)	11:37	3,36

PRODUKTIONSZAHLEN /7 MODELLJAHR 1978

MODELL	PRODUKTIONS-ZEITRAUM	1977	1978	GESAMT
R 60/7, R 60/7 T	07/77 - 07/78	3035	1391	4426
R 60/7 (USA)	08/77 - 12/77	158		158
R 75/7	08/77 - 05/78	107	171	278
R 80/7, R 80/7 N, R 80/ T	07/77 - 07/78	2323	3658	5981
R 80/7 (USA)	08/77 - 03/78	1813	596	2409
R 100/7	07/77 - 07/78	898	2185	3083
R 100/7 (USA)	07/77 - 07/78	2565	631	3196
R 100 S	07/77 - 07/78	752	3003	3755
R 100 S (USA)	07/77 - 07/78	963	407	1370
				24.656

1978 erhielten die Instrumente Zifferblätter mit grüner Beschriftung. Das Voltmeter dieser R 100 S ist kein Originalteil.

Die Sitzbank der R 100 S war bis auf das „100S"-Emblem identisch mit der R 90 S-Ausführung. Von 1979 bis 1984 hatte das Rücklicht zwei Glühlampen.

stangen der R 100 RS. Im Modelljahr 1978 waren die ATE-Bremssättel der /7 und R 100 S silberfarben eloxiert.

Im Verlauf des Jahres baute BMW auch vorn die Bremsscheibe aus dem Hinterrad mit dem geänderten Lochmuster ein. An der sonstigen Ausstattung änderten sich wenige Dinge. Die Zifferblätter waren nun grün beschriftet, und alle vier Schlösser konnten mit einem Schlüssel bedient werden. Allerdings passten die von verschiedenen Zulieferern gefertigten Schlüssel nicht an allen Schlössern gut. Bei den US-Modellen wies wieder ein lauter Piepser auf den eingeschalteten Blinker hin; die Lenkerbefestigung der R 100 RS und aller /7 wurde unter einer vinylbezogenen Abdeckkappe aus Weichschaum versteckt. Ab Mai 1978 erhielten alle /7-Modelle einen neuen hinteren Kotflügel. Die R 100 S hatte nun wie die R 100 RS zwei Signalhörner von Fiamm, und im Rahmenzentralrohr war wieder ein Seilschloss verstaut.

Neben dem normalen Modellprogramm bot BMW 1978 auch einige Sondermodelle an. Eine spezielle US-Ausführung der R 100 S hatte keine Cockpitverkleidung, aber dafür den höheren Lenker der R 100/7 und in separaten Gehäusen eine Uhr und ein Voltmeter. Dazu konnte ein Tourenpaket aus einer Luftmeister-Verkleidung und einem Krauser-Koffersatz bestellt werden. Eine mysteriöse weitere Sonderserie war die R 100 S Motorsport, manchmal auch als R 100 RSR bezeichnet. Unter diesem Namen wurde sie zumindest in Großbritannien vertrieben, wo die meisten verkauft wurden. Angetrieben vom 70PS starken R 100 RS-Motor, hatte sie die kleine Cockpitverkleidung und die Farben der R 100 RS Motorsport, und zum Lieferumfang gehörten eine Einzel- und Doppelsitzbank, Zylinderschutzbügel sowie ein Tachometer mit Kilometerskala (ein Meilentacho war in einer Schachtel dabei). Ein Hinweis, dass dieses Modell ursprünglich für einen anderen Markt, vielleicht Australien, vorgesehen war.

Die Farbauswahl wurde 1978 erweitert, die R 100 S gab es nun auch in Dunkelrot-metallic mit goldenen Zierlinien und roten „1000cc"-Aufklebern auf den Batterieabdeckungen. Die /7-Modelle gab es in den Metallic-Farben Schwarz, Blau und Orange mit Tankzierlinien wie zuvor, und Rot-metallic mit goldenen Zierlinien im R 100 S-Stil mit schwarzen Batterieabdeckungen und einem schwarzen Hinterradkotflügel. Die als Zubehör erhältlichen Zylinderschutzbügel und der Gepäckträger waren nun nicht mehr verchromt, sondern schwarz.

R 60/7, R 80/7, R 100/7, R 100 T und R 100 S, Modelljahr 1979

Mit Erscheinen der R 65 verschwand die R 60/7 1979 aus dem US-Modellprogramm, wurde für andere Märkte aber bis 1980 in kleiner Zahl weitergebaut. Die neue Tourenmaschine R 100 T füllte die Lücke zwischen Basismodell R 100/7 und der sportlichen R 100 S, so dass zusammen mit RS und RT nun fünf Modelle mit 1000 cm³ im Programm waren. Bei der R 100 T konnte es je nach Land Unterschiede geben. Zur Serienausstattung der US-Modelle gehörten verchromte Kofferträger und Zylinderschutzbügel, Voltmeter, Quarzuhr, Zubehörsteckdose und ein Spritzlappen am hinteren Kotflügel. Trotz der reichen Ausstattung und des attraktiven Preises von $1415 unter dem der R 100 RT wurden nur sehr wenige R 100 T in den USA verkauft.

1979 bekam die R 100 S die 70 PS starken R 100 RS-Motor samt den 40-mm-Auspuffkrümmern. Alle Motoren hatten jetzt anstelle des modellspezifischen Schriftzugs ein „BMW"-Emblem am oberen Motordeckel. Die beiden Fiamm-Signalhörner gehörten schon 1978 zur Serienausstattung der R 100 S.

Neu waren 1979 der verrippte Kettenkastendeckel und die Belüftungsöffnungen am vorderen Motordeckel. Die Steuerkette war nun einreihig ausgeführt, und der Unterbrecherkontakt befand sich in einem zusätzlichen Gehäuse. Eine wesentliche Verbesserung an der /7 gegenüber der /6 war das zusätzliche Verbindungsrohr zwischen den beiden Unterzügen kurz unterhalb des Lenkkopfs. Der Lenkungsdämpfer war an der R 100 S aufpreispflichtig.

Anstelle der 38-mm-Dell'Orto-Vergaser der R 90 S hatte die R 100 S 40-mm-Bing-Gleichdruckvergaser. Das Schaltgestänge mit Umlenkung wurde 1978 eingeführt und war normalerweise mit einer Gummihülle abgedeckt. Außerdem war ein Schmiernippel für den Schalthebel vorhanden. Gut erkennbar sind an diesem Modell von 1979 die externen Stege zur Verstärkung des Getriebegehäuses.

R 60/7, R 75/7, R 80/7, R 100/7, R 100 T und R 100 S

Alle 1000-cm³-Maschinen des Modelljahrs 1979 erhielten die gleichen Änderungen wie die R 100 RS (detaillierte Beschreibung siehe Kapitel R 100 RS). Die R 100 S hatte jetzt den RS-Motor mit den gleichen Bing-Vergasern und Auspuffkrümmern mit 40 mm Querschnitt. Die R 100 T und R 100/7 erhielten den bisherigen R 100 S-Motor mit jeweils 40 mm dicken Ansaugkrümmern, Bing-Vergasern und Auspuffkrümmern, allerdings ohne schwarze Färbung der Ventildeckel. Von der RS übernommen wurden der kleinere Generator und die Zündkerzenvorgaben Bosch W225T30 bzw. W6D, Beru 200/14/3A oder Champion N7Y.

Die Ventile der 1000-cm³-Motoren maßen nun bei 44 mm am Einlass und 40 mm am Auslass. Die Zylinderköpfe der USA-Modelle hatten Ventilsitze erhalten, die den Betrieb mit gering verbleitem Kraftstoff besser verkrafteten.

Alle /7-Modelle leiteten ihre Kurbelgehäusedämpfe jetzt zur Verbrennung in beide Ansaugrohre ab. Gleichzeitig wurde die Ansaugöffnung im oberen Motordeckel geändert; die US-Modelle erhielten einen abweichenden Deckel mit anderen Öffnungen. Bei der R 80/7 wurden diese Modifikationen erst nach Fahrgestellnummer 6126147 eingeführt, wobei sie zudem neue Zylinderköpfe und Vergaser (Bing 64/32/321 bzw. 322) erhielt. Ab Mai 1979 dichteten andere O-Ringe die Zylinderfüße ab, im August 1979 änderte BMW den Schieberdeckel der Vergaser in die übliche hohe Ausführung um. In den USA war an allen R 100-Modellen die Übersetzung des Hinterradantriebs mit 2,91 identisch. Dazu gehörte ein Tachometer mit der Wegstreckenzahl W = 1,078. Die Endübersetzung der US-R 80/7 lag bei 3,20, die der europäischen R 100 T bei 3,0.

Die US-R 100/7 (ab Fahrgestellnummer 6170415) und die US-R 100S (ab Fahrgestellnummer 6165103) erfuhren ab August 1979 diverse Änderungen für den Modelljahrgang 1980: andere Bing-Vergaser mit 165er Hauptdüsen, neue Zylinder und Kolben, ein neues Luftfiltergehäuse, ein Sekundärluftsystem und eine geänderte Kurbelgehäuseentlüftung.

1979 verschwanden an allen Modellen die Faltenbälge der Teleskopgabeln zugunsten der von R 100 S und RS bekannten Abdeckkappen mit eingelegten Filzringen. Zur Unterscheidung waren die Tauchrohre der R 100 S schwarz. Auch die Gabeln der europäischen Modelle trugen nun die seitlichen Reflektoren der US-Ausführung. Alle /7 hatten jetzt eine Doppelscheibenbremse vorn und Leichtmetallgussräder. Die R 100 S hatte weiterhin eine Scheibenbremse am Hinterrad mit einer 2,75 Zoll breiten Felge. An der R 100 T, R 100/7 und R 80/7 verzögerte eine Simplexbremse das 2,50 Zoll breite Hinterrad. Neu an der R 100 S waren auch die Hinterradachse der RS und ein kleiner Hauptbremszylinder (14 mm) der hinteren Scheibenbremse.

1979 gehörte auch die Sportsitzbank der R 100 S zur Serienausstattung der R 100 T, R 100/7 und R 80/7. Die Sitzbank mit dem glasfaserverstärktem Kunststoffrahmen erhielt dafür einen größeren Haltegriff und eine neue Polsterung, die bisherige Version war aber weiterhin verfügbar. Für die R 100 T gab es eigene Farben (Rot-metallic und Silber-metallic) und silberne Batterieabdeckungen, die der /7-Modelle waren schwarz. Das ganze Farbangebot war beträchtlich erweitert – nur für die USA gab es die Farbe Havanna-Gold. Auf den Batterieabdeckungen standen jeweils die Modellbezeichnung und der Hubraum.

Zu den weiteren Neuerungen gehörten die Lenkerschalter, zwei Fiamm-Signalhörner bei allen 1000-cm³-Modellen und ein Rücklicht mit zwei Glühlampen. Die US-Ausführungen der R 100/7 und R 80/7 erhielten den 682 mm breiten Lenker der R 100 RT.

MASSE, GEWICHTE UND FAHRLEISTUNGEN DER R 100 T

BREITE	746 MM
SITZHÖHE	810 MM
LÄNGE	2179 MM
HÖHE	1080 MM
RADSTAND	1466 MM
GEWICHT TROCKEN	195 KG
GEWICHT VOLLGETANKT (DIN)	215 KG
HÖCHSTGESCHWINDIGKEIT	191 KM/H
BESCHLEUNIGUNG VON 0 - 160 KM/H	12,7 S

MOTORDATEN /7-MODELLE 1979 - 1980

MODELL	BOHRUNG (MM)	HUB (MM)	HUBRAUM (CM³)	VERDICHTUNG	LEISTUNG NACH DIN
R 100 T	94	70,6	980	9,5:1	65 PS BEI 6600 MIN⁻¹
R 100 S	94	70,6	980	9,5:1	70 PS BEI 7250 MIN⁻¹

Ab 1979 wiesen alle Bremsscheiben dieses Lochmuster auf, und die seitlichen Reflektoren waren an allen Modellen vorhanden. Der silberfarbene ATE-Bremssattel hatte einen 40-mm-Kolben, was anhand einer Prägung auf dem Gehäuse erkannt werden konnte.

1979 wurden auch neue Lenkerschalter eingeführt. Hier ist die linke Schaltereinheit eines US-Modells zu sehen, da wegen der Dauerlichtschaltung an diesen Fahrzeugen kein Lichtschalter vorhanden ist.

Der rechte Lenkerschalter war weiterhin mit dem Gasdrehgriff kombiniert.

R 80/7, R 100/7, R 100 T und R 100 S, Modelljahr 1980

1980 gab es wenige Änderungen an der R 80/7, R 100/7, R 100 T und R 100 S. An der R 80/7 wurden die Gleichdruckkolben geändert, und der seitliche Schriftzug lautete nun „R 80“ statt „R 80/7“. Bei der R 100 T und R 100/7 waren die Ventildeckel jetzt schwarz. Die folgenden Modifikationen nahm BMW nur an den US-Modellen vor (R 100/7 ab Fahrgestellnummer 6170415 und die R 100 S ab Fahrgestellnummer 6165103): Die Verdichtung an allen Motoren wurde auf 8,2:1 gesenkt, alle 1000-cm³-Modelle erhielten eine lange Hinterrad-

In den USA war umfangreiches Zubehör für die R 100 T erhältlich, wie z. B. eine Luftmeister-Verkleidung, Krauser-Koffer und ein Topcase. Ab 1980 erhielten die US-Modelle ein Sekundärluftsystem, bei dem Leitungen vom Luftfilterkasten zu den Auslasskanälen führten. Der Luftfilterkasten war ebenfalls geändert und hatte einen einfacher zugänglichen rechteckigen Filtereinsatz. Dadurch wurde auch der Chokehebel an das linke Lenkerende verlegt. Bild: *Cycle World*

übersetzung von 2,91, die der die R 80/7 wurde mit 3,36 kürzer (Wegstreckenzahl des Tachometers W = 1,244) versehen.

R 60/7, R 75/7, R 80/7, R 100/7, R 100 T und R 100 S

Allerdings scheint es Abweichungen gegeben zu haben, denn einige R 100 T-Modelle erhielten einen 3,20 übersetzten Hinterradantrieb. Der Chokehebel befand sich nun am linken Lenkerende, die laute akustische Blinksignalanzeige war entfallen, und ein gesetzeskonformer Tachometer mit 85-Meilen-Skala eingebaut.

BMW legte 1980 wieder zwei Sondermodelle auf. Eine davon war die limitierte R 100 S „Exclusive Sport" in Silber-metallic mit Zierstreifen in dreifach abgetöntem Blau auf Verkleidung, Tank und Sitzbankheck. Die Stoßdämpferfedern waren verchromt und Tauchrohre, Ventildeckel und Hinterradantriebsgehäuse poliert. Der hintere Kotflügel und die seitlichen Batterieabdeckungen waren silbern mit blauen „R 100 S"-Schriftzügen. Auch die Leichtmetallgussräder waren passend in hellem Silber lackiert. Die zweite Sonderserie war eine sportliche Version der R 100 T mit flachem Lenker und Cockpitverkleidung.

PRODUKTIONSZAHLEN /7 MODELLJAHRE 1979 UND 1980

MODELL	PRODUKTIONSZEITRAUM	1978	1979	1980	GESAMT
R 60/7, R 60/7 T	09/78 - 07/80	263			263
R 75/7	01/79 - 07/79		5		5
R 80/7, R 80/7 N, R 80/ T	09/78 - 07/80	545	2271	2278	5094
R 80/7 (USA)	09/78 - 07/80	103	73	173	349
R 100/7	08/78 - 07/80	393	1553	1689	3635
R 100/7 (USA)	09/78 - 07/80	202	723	419	1344
R 100 T	11/78 - 07/80	58	307	31	396
R 100 S	09/78 - 07/80	224	645	1082	1951
R 100 S (USA)	09/78 - 07/80	102	2	48	152
					13.189

Steigende Verkaufspreise (die R 100 S kostete 1980 fast DM 11.000) und stagnierende Leistungsdaten erforderten dringend eine Lösung, die 1981 in Form der komplett überarbeiteten R 100 CS und R 100 kam, während die äußerst erfolgreiche Enduro R 80G/S die R 80/7 ablöste.

R 45 und R 65; Modelljahre 1979 bis 1980

Die Einführung einer neuen Baureihe mit geringem Hubraum beschleunigte den Niedergang der R 60/7 noch. Die 1979 vorgestellten Modelle profitierten von vielen Weiterentwicklungen der hubraumstarken Maschinen und waren in vielerlei Hinsicht sehr praktische Motorräder. Während die R 45 in den USA nicht verkauft wurde, rührte BMW für die R 65 kräftig die Werbetrommel. Aber die Amerikaner konnten sich für den kleinen Boxer nicht richtig erwärmen. Die R 65 mag schmaler, handlicher und moderner als die großen Boxer gewesen sein, aber sie war auch ein teures und relativ schweres Motorrad, dem es etwas an Leistung fehlte.

Der neue Boxermotor hatte einen kürzeren Hub und erhielt die Bezeichnungen M 76* (450 cm^3) und M 84* (650 cm^3). Dank kürzerer Zylinder, Pleuel und Kolben fiel der Motor 66 mm schmaler aus. Im Modelljahr 1979 hatten R 45 und R 65 eine Verdichtung von 9,2:1, aber 1980 wurde die Verdichtung der US-Modelle auf 8,2:1 reduziert, was weitere Leistungsnachteile auslöste.

Kurbelgehäuse und Zylinderköpfe stimmten weitgehend mit dem größeren M 65*-Motor überein, die Zylinderköpfe hatten kleinere Quetschzonen und Ventilgrößen. Die R 65 hatte 38-mm-Einlass- und 34-mm-Auslassventile, die der R 45 maßen 34 und 32 mm.

Die Änderungen für 1979 der großen Boxermotoren erhielten auch die kleineren Motoren. Dazu gehörten eine einreihige Steuerkette mit ölgedämpftem Steuerkettenspanner, O-Ringe zur Abdichtung der Zylinderfüße, ein separates Gehäuse des Unterbrecherkontakts und die Kurbelgehäuseentlüftung in beide Ansaugrohre. Die kürzeren Zylinder verursachten einen ungünstigeren Übertragungswinkel der Stößel, daher saßen die Stößelstangen jetzt nicht mehr auf der Spitze des Stößels auf wie bei den großen Motoren, sondern in einer Vertiefung, die fast bis zum unteren Ende des Stößels reichte.

Auch die kleinen Boxer hatten eine Kardanwelle mit Ruckdämpfer, ein erleichtertes Schwungrad (Gewicht 2,9 kg) und eine kleinere Kupplung (Durchmesser 160 mm). Die Schwungrad/Kupplungseinheit war so 1,3 kg leichter und wog ca. 5,7 kg. Eine kurze 3,44-Übersetzung des Hinterradantriebs (9/31) ermöglichte trotz der knappen Leistung der R 65 angemessene Beschleunigung, die R 45 war mit 3,89 noch kürzer übersetzt.

Das Konzept des Rahmens mit angeschraubtem Heck entsprach dem der großen Boxermodelle, allerdings vereinfacht. Die Rahmenrohre hatten keinen ovalen Querschnitt und keine zusätzlichen Knotenbleche.

Die Teleskopgabel von Fichtel und Sachs hatte 36 mm dicke Standrohre, kleinere Abdeckungen und eine mittig verlaufende, nicht vorverlegte Vorderradachse. Ihr Federweg war mit 175 mm deutlich kleiner als bei den großen Boxern, die Reflektoren in die Tauchrohre integriert. Auch der Lampenhalter war anders und leichter. Der Federweg hinten war mit 110 mm ebenfalls geringer.

Auf das vordere Leichtmetallgussrad der Größe 1,85B x 18 war ein 3.25 – 18 Reifen aufgezogen. Das Hinterrad hatte die Dimension 2,50B x 18, der Reifen die Größe 4.00 – 18. Verbessert war die Vorderradbremse, eine Bremsscheibe mit Festsattel von ATE. Werksseitig war am anderen Tauchrohr schon eine Aufnahme für einen zweiten Bremssattel vorhanden. Der Hauptbremszylinder am rechten Lenkerende machte die Vorderradbremse besser dosierbar als die der großen Boxermodelle.

Hans A. Muth entwarf den mit 22 Litern etwas kleineren Kraftstofftank, der auf der Unterseite wegen der rechts neben dem Zentralrohr angeordneten Komponenten der Elektrik nicht mehr symmetrisch war und deshalb nur einen Benzinhahn erforderte. An der Sitzbank ersetzte ein Riemen den teuren Beifahrerhaltegriff. Die kleinen Boxermodelle hatten neu gestaltete Batterieabdeckungen aus Kunststoff mit Belüftungsöffnungen, größere Rundinstrumente mit 100 mm Durchmesser, einen kleineren Hauptscheinwerfer und ein Rücklicht mit zwei Glühlampen. Die Sicherungen verlegte BMW vom Scheinwerfer in einen Kasten unter der rechten Abdeckung. Lenkerschalter in der gleichen Ausführung wie die der R 100 RS von 1979 und ein einzelnes Signalhorn von Bosch machten die Bordelektrik komplett.

Ohne Zweifel ein passables Mittelklassemotorrad, war die R 65 mit einem Preis von DM 7200 gehandicapt gegen japanische Mitbewerber, die für nicht einmal DM 2000 Mehrpreis fast die doppelte Leistung boten. In den USA hätte der Erscheinungszeitpunkt nicht ungünstiger sein können. Die R 65 kostete dort mit $3445 so viel wie ein japanisches 1000-cm³-Motorrad. 1980 erreichte der Preis $4230 bei geringerer Motorleistung – eine Überarbeitung musste her.

TECHNISCHE DATEN R 45 UND R 65 (MODELLJAHRE 1979 - 1980)

	R 45	R 65
BOHRUNG (MM)	70	82
HUB (MM)	61,5	61,5
HUBRAUM (CM^3)	473	650
LEISTUNG (DIN)	35 PS BEI 7250 MIN^{-1}	45 PS BEI 7250 MIN^{-1}
VERDICHTUNG	9,2:1	9,2:1 (8,2:1)
VERGASER	BING 64/28/303 BZW. 304	BING 64/32/2030
BZW. 2040		
BREITE (MM)	688	688
LÄNGE (MM)	2111	2111
HÖHE (MM)	1080	1080
RADSTAND (MM)	1400	1400
GEWICHT TROCKEN	186	186
GEWICHT VOLLGETANKT (KG)	205	205
HÖCHSTGESCHWINDIGKEIT (KM/H)	148	170

Auch heute noch ist eine R 100 S eine imposante Erscheinung und ein gut zu fahrendes Motorrad. Die rechteckigen Spiegel waren den australischen Modellen vorbehalten. Dieses restaurierte Exemplar von 1979 hat die Fahrgestellnummer 6070821.

Die R 65 löste 1979 die R 60/7 ab, aber die kleinen Boxer erreichten nicht immer das Niveau der großvolumigen Modelle. Die R 65 konnte sich in den USA nicht durchsetzen und war kein großer Verkaufserfolg. Bild: *Cycle World*

Kapitel 7

R 100 RT und R 80R T (1979 bis 1984)

Sie war 1979 die teuerste und bestausgestattete Maschine des BMW-Modellprogramms: die R 100 RT. Damit übernahm sie die Rolle der erfolgreichen R 100 RS als Topmodell. Sie war eindeutig auf den US-Markt zugeschnitten und dort mit $6345 das teuerste käufliche Serienmotorrad. Die große serienmäßige Verkleidung und die hervorragenden abnehmbaren Krauser-Koffer der R 100R T eröffneten völlig neue Möglichkeiten. Sie war ein viel besseres Tourenmotorrad als die sportlichere R 100 RS.

Die R 100 RT lancierte eine neue Motorradkategorie auf dem Markt, die sich später als sehr erfolgreich erweisen würde – aber nicht von Anfang an: Zunächst fand die R 100 RT besonders in Amerika keinen reißenden Absatz und lag in den Verkaufszahlen hinter der R 100 RS. 1983 wurde der R 100 RT mit der R 80 RT ein deutlich günstigeres Schwestermodell zur Seite gestellt und war wesentlich erfolgreicher. Gleichwohl wurde sie zum am längsten gebauten Boxermodell seit 1969. 1996 lief in Berlin-Spandau die 57.137. und letzte R 100 RT vom Band.

Weil in den USA die direkte Konkurrentin Harley-Davidson FLH-80 Classic mit fest montierten Koffern und Verkleidung mit hoher Scheibe fast $1000 weniger kostete, war die R 100 RT reich ausgestattet. Sie unterschied sich durch eine Fülle von Details von der R 100 RS.

Trotz der Ähnlichkeit mit der R 100 RS-Ausführung war die R 100 RT Verkleidung deutlich größer und hatte integrierte Lufteinlässe zur Frischluftzufuhr für den Fahrer. Dieses Bild stammt aus einem Testbericht von 1979.
Bild: *Cycle World*

R 100 RT, Modelljahr 1979

Im Ersatzteilkatalog sind bereits für die Zeitspanne von Juni bis August 1978 Fahrgestellnummern hinterlegt, nach den Fabrikaufzeichnungen aber begann die Serienproduktion der R 100 RT für das Modelljahr 1979 im September 1978.

Die R 100 RT bot im Vergleich zu anderen vollverkleideten Motorrädern nicht nur einen deutlich besseren Wetterschutz und Fahrkomfort, sondern auch überlegene Fahrleistungen. Von der R 100 RS stammte der 70 PS starke Boxermotor (mit schwarzen Ventildeckeln, aber ohne Ölkühler). BMW legte wie immer großen Wert auf Gewichtsreduzierung. Die Harley-Davidson FLH-80 Classic brachte trocken satte 328 kg (!) auf die Waage, die Honda Gold Wing GL1000 immerhin noch 275 kg. Das angegebene Trockengewicht der R 100 RT lag bei nur 215 kg. Das Streben nach niedrigem Gewicht wirkte sich sehr positiv auf die Fahrleistungen der R 100 RT aus, trotz der langen Endübersetzung der US-Modelle. Serienmäßig waren die Hinterradantriebe der R 100 RT in Europa mit 3,0; in den USA mit 2,91 übersetzt. Allen 1000-cm³-US-Modellen gemein waren ab August 1979 die Vergaserabstimmung mit 165er Hauptdüsen und Nadeldüsen der Größe 2.66 sowie neue Chokegehäuse an den Bing-Vergasern.

Diese Änderungen wurden zusammen mit einem neuen Lufteinlass, neuen Zylindern und Kolben und einer modifizierten Kurbelgehäuseentlüftung ab Fahrgestellnummer 6196045 für das Modelljahr 1980 eingeführt.

Fahrwerk

Das Basisfahrwerk war das der R 100 RS, und ab Fahrgestellnummer 6232420 (US-Modelle ab Nummer 61575169) erhielten die Teleskopgabeln eine zusätzliche Feder in der Druckstufe. Für die R 100 RT überarbeitete BMW das Konzept der Fahrerintegration im Tourenmotorrad. Ausgehend von der R 100 RS-Verkleidung wurde die RT-Verkleidung im Windkanal optimiert, um den Fahrer bei allen Geschwindigkeiten vor Fahrtwind zu schützen. Sogar mit dem hohen und 690 mm breiten Lenker waren die Fahrerhände hinter der rahmenfesten Verkleidung aus glasfaserverstärktem Kunststoff verborgen. Die hohe Verkleidungsscheibe konnte über flache seitliche Hebel sehr einfach in drei Stufen in der Neigung (um mehr als 10°) und Höhe verstellt werden. Lufteinlässe unter den Blinkern leiteten Luft durch die Verkleidung zu auto-ähnlichen, verstell- und abdeckbaren Austrittsöffnungen. Die Scheinwerferabdeckung mit den orangefarbenen Streifen und das darüber angebrachte rechteckige Standlicht waren von der R 100 RS übernommen.

Die Instrumentenausstattung mit Voltmeter, Quarzuhr, Tachometer und einem elektronischen Drehzahlmesser entsprach der R 100 RS. Die Wegstreckenzahl des km-Tachometers war W = 1,078, die Meilenversion hatte W = 0,691. Die Instrumentenaufnahme der Verkleidung bot Platz für zusätzliche Schalter und Kontrollleuchten des umfangreichen Zubehörangebots. Dazu gehörten anfangs Fern- und Nebelscheinwerfer und später in die Luftkanäle eingelassene, ausklappbare Zusatzscheinwerfer. Wie bei der R 100 RS war der Lenkeinschlagwinkel wegen der umlaufenden Verkleidung beidseits auf 35° begrenzt. Die Standrohre waren ebenso von Gummimanschetten eingefasst, und die untere Mittelverkleidung mit grillähnlicher Öffnung stammte von den ersten R 100 RS-Modellen (vor 1979).

In der Verkleidung unter den Luftdüsen lagen zwei abschließbare große 6-Liter-Staufächer. Deren erste Verschlussdeckel wurden aus Qualitätsgründen im Laufe des Jahres 1979 ausgetauscht. Die Rückspiegel waren seitlich an der Verkleidung montiert, deren Halter ab Fahrgestellnummer 6165365 (US-Modelle ab Nummer 6196836) verstärkt wurde.

Wie die R 100 T hatte auch die R 100 RT serienmäßig einen Gepäckträger und leichte, geräumige und abschließbare Gepäckkoffer. Diese Koffer setzten wie vieles an der RT Qualitätsmaßstäbe. Die Schlösser waren bündig eingelassen, die Scharniere der Kofferdeckel hochwertig. Leider waren die Kofferschlösser nicht im Ein-Schlüssel-Systems des Motorrads integriert und brauchten zwei zusätzliche Schlüssel.

Serienmäßig waren eine 12V-Steckdose hinter der linken Batterieabdeckung, ein Seilschloss (mit einem weiteren Schlüssel) und eine Schaltwippe. Bekannt von der R 100 RS waren der Lenkungsdämpfer und die beiden Fiamm-Signalhörner.

Weitere Gemeinsamkeiten mit der R 100 RS waren die schwarz lackierten Tauchrohre und Scheibenbremsen an Vorder- und Hinterrad. Die Bremsscheiben hatten ein neues Lochmuster; an der vorderen Doppelscheibenbremse saßen silber-eloxierte ATE-Bremssättel mit 40-mm-Kolben, während ein Brembo-Bremssattel das Hinterrad verzögerte. R 100 RT-spezifisch war eine Zweiton-Lackierung in Braun-metallic und Phoenix-Gold mit in einem Goldton lackierten Leicht-

FAHRGESTELLNUMMERN R 80 RT UND R 100 RT (1978 - 1984)

MODELL	NUMMERN	MODELLJAHR*	PRODUKTIONSZEITRAUM
R 100 RT	6115001 - 6117000	1978	06/78 - 08/78
R 100 RT	6152001 - 6153000	1979 - 1980	09/78 - 08/80
R 100 RT	6155001 - 6160000	1979 - 1980	09/78 - 08/80
R 100 RT	6168001 - 6170000	1979 - 1980	09/78 - 08/80
R 100 RT	6230001 - 6240000	1981 - 1984	09/80 - 10/84
R 100 RT (USA)	6190001 - 6193000	1978	06/78 - 08/78
R 100 RT (USA)	6195001 - 6199000	1979 - 1980	09/78 - 08/80
R 100 RT (USA)	6240001 - 6241130	1981	09/80 - 08/81
R 100 RT (USA)	6241131 - 624300	1982	09/81 - 11/82
R 100 RT (USA)	6242301 - 6243356	1983	08/82 - 12/83
R 100 RT (USA)	6243357 - 6245000	1984	07/83 - 03/84
R 80 RT	6420001 - 6425000	1983 - 1984	07/82 - 11/84
R 80 RT (USA)	6172001 - 6175000	1983	09/82 - 11/83
R 80 RT (USA)	6186101 - 6186300	1984	08/83 - 07/84

* NICHT MODELLJAHRSPEZIFISCH UNTERSCHIEDEN

Eine recht ungewöhnliche Farbkombination für eine R 100 RT des Modelljahres 1979 war Braun-metallic mit Phoenix-Gold. Passend dazu erhielten die Räder eine besondere Goldtönung. Auf diesem zeitgenössischen Foto ist erkennbar, dass die R 100 RT keinen Ölkühler hatte.

MASSE, GEWICHTE UND FAHRLEISTUNGEN DER R 100 RT (1979 - 1980)

BREITE	746 MM
SITZHÖHE	818 MM
LÄNGE	2179 MM
HÖHE	1466 MM
RADSTAND	1466 MM
GEWICHT TROCKEN	215 KG
GEWICHT VOLLGETANKT (DIN)	234 KG
HÖCHSTGESCHWINDIGKEIT	189 KM/H
BESCHLEUNIGUNG VON 0 - 160 KM/H	17,8 S

Die Instrumentenanordnung war bei der R 100 RT und R 100 RS identisch. Für zusätzliche Schalter und Anzeigeleuchten wies die Instrumentenkonsole der RT bereits Aussparungen auf, die mit Abdeckungen verschlossen waren.

1979 waren die Aufkleber auf den Batterieabdeckungen fahrzeugspezifisch ausgeführt und bei der Braun-metallic/Phoenix-Gold-Version sogar zweifarbig.

metallgussrädern. 1979 war außerdem Lava-Rot mit silberfarbenen Rädern verfügbar. Die Sitzbank mit verstärkter Polsterung wurde in den Prospekten mit einem beigefarbenen Bezug gezeigt, war in der Serie jedoch praktischerweise schwarz.

R 100 RT-Modelle von 1979 in Lava-Rot hatten silberfarbene Räder und schwarze Seitendeckel, auf denen manchmal kein Aufkleber vorhanden war – so wie beim abgebildeten Exemplar. Mit den serienmäßigen Koffern konnte man auf große Fahrt gehen, wenn man das nötige Kleingeld hatte. Die Aufnahme stammt aus einem zeitgenössischen Test. Bild: *Cycle World*

Anstelle der Lufteinlässe konnten ausklappbare Hella-Scheinwerfer aus dem BMW-Zubehör eingebaut werden. Allerdings wurden nur wenige Fahrzeuge damit ausgestattet.

PRODUKTIONSZAHLEN R 100 RT, MODELLJAHRE 1979 UND 1980

MODELL	PRODUKTIONSZEITRAUM	1978	1978	1980	GESAMT
R 100 RT	09/78 - 07/80	1029	3055	2270	6354

R 100 RT, Modelljahr 1980

Wie alle anderen US-Modelle erhielt auch die R 100 RT im Modelljahr 1980 ab August 1979 (ab Fahrgestellnummer 6196045) geänderte Kolben für eine niedrigere Verdichtung (8,2:1), neue Zylinderköpfe, ein überarbeitetes Ansaug- und Kurbelgehäuseentlüftungssystem, ein Sekundärluftsystem und Auspuffkrümmer mit 38 mm Querschnitt. Die RS- und RT-Motoren waren weiterhin identisch und hatten beide das überarbeitete Schmiersystem, allerdings bei der RT ohne Ölkühler. Neue Befestigungen für die Rückspiegel ab Dezember 1979 waren die einzige andere Änderung. Der Preis stieg erneut und erreichte in den USA nun beachtliche $ 7195.

R 100 RT, Modelljahr 1981

Zum Modelljahr 1981 änderte BMW einiges an der R 100 RT. Dazu gehörten ein verstärktes, auch bei der R 100 CS und R 100 verbautes Motorgehäuse und eine tiefere Ölwanne, welche die Ölfüllmenge auf 2,5 Liter erhöhte; allerdings weiterhin ohne Ölkühler. Auch die R 100 RT erhielt in diesem Jahr die Nikasil-Zylinder, die leichtere Kupplung samt Schwungrad, das neue Luftfiltergehäuse, die elektronische Zündung und ein neues Hinterradantriebsgehäuse. Die Auspuffkrümmer hatten wieder 38 mm Querschnitt und ein zweites Interferenzrohr; für die europäischen Modelle gab BMW wie bisher eine Leistung von 70 PS an, allerdings jetzt bei etwas niedrigeren 7000 min^{-1}. Die US-Modelle mussten sich weiterhin mit der verringerten Verdichtung von 8,2:1 begnügen, und das Sekundärluftsystem wurde nun über den Saugrohrdruck gesteuert.

Identisch mit der R 100 RS waren Rahmen, Räder (mit einer breiteren Felge im Vorderrad), Teleskopgabel einschließlich Lenkungsdämpfer und die Brembo-Bremsen. An einigen Exemplaren waren die Tauchrohre unlackiert, an den meisten jedoch wieder schwarz, und ab Fahrgestellnummer 6232420 (US-Modelle ab Nummer 6175169) hatte die Teleskopgabel eine zusätzliche Dämpferfeder in der Druckstufe.

Die wichtigste Änderung in der Hinterradaufhängung waren die selbst-nivellierenden Nivomat-Federbeine von Boge. Im unteren Teil des Federbeins lag eine Ölkammer, die ein Gasvolumen unter hohen Druck setzte, im oberen Teil des Federbeins lag eine Niederdruckkammer.

Kapitel 8

R 80 G/S und R 80 ST, R 65 GS

Die R 80 G/S war zwar als Enduro konzipiert, aber tatsächlich eines der besten Straßenmotorräder von BMW. Sie stand am Anfang einer neuen Serie von Boxermodellen, die äußerst erfolgreich werden sollte. Im Bild ist eines der ersten G/S-Modelle von 1981 zu sehen (Fahrgestellnummer 6254142), das zudem noch unrestauriert ist.

Nach den Meilensteinen R 90 S und R 100 RS erschien mit der R 80 G/S ein weiteres Modell, das Geschichte schreiben sollte. Das Kürzel G/S steht für Gelände/Straße, und dieses Motorrad begründete eine völlig neue Kategorie. Die neue Klasse der großvolumigen Enduros war ein Hit und ist bis heute eine BMW-Domäne.

Neben ihren Nachfolgern wirkt sie zierlich, aber bei ihrer Vorstellung war die R 80 G/S die hubraumstärkste Enduro der Welt. Sie war für den abenteuerlustigen Motorradfahrer gemacht, der auch einmal eine Schotterpiste befahren wollte – oder musste. Für den harten Geländebetrieb war sie zu groß und zu schwer, aber für den Straßeneinsatz waren Gewicht und Größe absolut angemessen. Die G/S war leichter als die reinen Straßenmodelle der R 80- und R 100-Baureihe und ideal für das Kurvenräubern auf Landstraßen.

Der auf Anhieb sensationelle Verkaufserfolg der R 80 G/S inspirierte 1983 eine reine Straßenversion, die R 80 ST (Straßen Touring). Die bereits herausragenden G/S-Fahreigenschaften auf dem Asphalt konnten nochmal verfeinert werden, aber die R 80 ST kam nicht wie erwartet im Markt an und wurde schon nach zwei Jahren wieder eingestellt.

Die R 80 G/S war das einzige Boxermodell, der das Erscheinen der K-Baureihe nichts anhatte, und sie war später die Basis der letzten rein luftgekühlten Boxerbaureihe. In Europa äußerst beliebt, war der Erfolg der R 80 G/S in den USA durch einen Verkaufspreis von $4800 begrenzt – eine japanische Enduro mit 500-cm³-Einzylindermotor kostete weniger als $2000. Folglich wurden in den USA in den Jahren 1981 und 1982 nur relativ wenige Exemplare verkauft, aber diese frühen R 80 G/S-Modelle sind heute gesucht.

Ihr Status als Klassiker ist mittlerweile mit dem der R 90 S und R 100 S vergleichbar.

R 80 G/S, Modelljahre 1981 bis 1982

Nach jahrelanger erfolgreicher Teilnahme des BMW-Werksteams an der ISDT (International Six Days Trial) und deutschen und internationalen Geländemeisterschaften kam die R 80 G/S nicht aus völlig heiterem Himmel. 1980, als die Entwicklung der

Der Motor der R 80 G/S stimmte in den wesentlichen Abmessungen mit dem R 80/7-Motor überein, für den Rahmen diente ein R 65-Bauteil als Ausgangsbasis.

Neu an der R 80 G/S waren ein leichteres und verstärktes Gehäuse für den Hinterradantrieb sowie die als „Monolever“ bezeichnete Einarmschwinge, die sich über ein einzelnes Federbein direkt am Rahmen abstützte.

R 80 G/S auf Hochtouren lief, gewannen Werner Schütz die Deutsche und Rolf Witthöft die Europa-Meisterschaft. Von ihren Wettbewerbs-Prototypen unterschied sich die Serien-R 80 G/S deutlich – sie war auf ihre Art besonders. Mit dem Einbau eines R 80/7-Motors in einen R 65-Rahmen war auch sie ein Ergebnis konsequenter Baukastenentwicklung.

Motor und Antrieb

Nach der Einstellung der R 80/7 ab dem Modelljahr 1981 war die R 80 G/S das einzige 800-cm³-Motorrad von BMW. Die allgemeinen Motordaten stimmten mit dem R 80/7-Motor und dem R 80 RT-Motor überein (siehe Kapitel 7). Auch die Leistungsangaben waren gleich, allerdings wurde das etwas niedrigere Drehmoment der R 80 G/S bei höherer Drehzahl erzeugt (57 Nm bei 5000 min^{-1} statt 59 Nm bei 3500 min^{-1}).

Weiterentwicklungen waren ein verstärktes Kurbelgehäuse, Nikasil®- bzw. Galnikal®-Zylinder, eine kontaktlose Zündung, ein elektronischer Spannungsregler mit Mikrochip, eine über 4,5 kg leichtere Kupplung/Schwungradeinheit und der neue rechteckige Luftfilterkasten. Die kalifornischen Modelle hatten ein leicht abweichendes Kurbelgehäuse.

Der R 80 G/S-Motor hatte eine etwas flachere Ölwanne als die anderen 1981er Modelle mit einem Steinschlagschutz. Daher waren auch die Ölfüllmengen kleiner (2,25 Liter) und der Ölmessstab kürzer.

Eine Besonderheit der R 80 G/S war die hochgelegte, schwarz lackierte 2-in-1-Auspuffanlage. Zwei 38 mm große Auspuffkrümmer mündeten in einen Vorschalldämpfer unter dem Getriebe. Von dort gelangten die Abgase in den auf der linken Seite nach oben führenden Endschalldämpfer.

Kupplung und Getriebe waren von den R 100 aus dem Modelljahr 1981 übernommen worden, mit einer stärkeren Membranfeder für die Kupplung. Serienmäßig wurde die R 80 G/S nur mit Kickstarter ausgeliefert, der im Vergleich zu den 81er Modellen kürzer übersetzt war. Der mit 3,36 (11/37) übersetzte Hinterradantrieb hatte ein neues Gehäuse aus Aluminiumdruckguss erhalten.

Die Bing-Vergaser Typ V64 sorgten mit zusätzlichen Schieberführungen für ein besseres Ansprechen der Kolbenschieber. Ein Verteilerstück im Gaszug erleichterte die Synchronisation erheblich

FAHRGESTELLNUMMERN R 80 G/S UND R 80 ST (MODELLJAHRE 1981 - 1987)

MODELL	NUMMERN	MODELLJAHR	PRODUKTIONSZEITRAUM
R 80 G/S	6250001 - 6260000	1981 - 1987	09/80 - 10/87
R 80 G/S	6281001 - 6290000	1981 - 1987	09/80 - 10/87
R 80 G/S	6291001 - 6296000	1981 - 1987	09/80 - 10/87
R 80 G/S (USA)	6362001 - 6362748	1981	09/80 - 05/81
R 80 G/S (USA)	6262766 - 6362883	1983	08/81 - 09/82
R 80 G/S (USA)	6362884 - 6363059	1984	09/83 - 09/84
R 80 G/S (USA)	6363060 - 6363157	1985	01/85 - 03/85
R 80 G/S (USA)	6363158 - 6363550	1986	09/85 - 12/85
R 80 ST	6054001 - 6060000	1983 - 1984	11/82 - 10/84
R 80 ST (USA)	6207001 - 6207701	1983	10/82 - 06/83
R 80 ST (USA)	6207702 - 6207980	1984	08/83 - 07/84

und gewährleistete eine höhere Beständigkeit der Einstellung. Der Chokehebel befand sich am linken Lenkerende. Die Gummimuffen, welche die Ansaugrohre am Luftfilterkasten fixierten, waren identisch mit denen für die 40-mm-Vergaser.

Elektrische Anlage und Zündsystem

Von den R 100-Modellen stammten die 280-Watt-Lichtmaschine, der Wehrle E 1051 B/14V-Spannungsregler und die elektronische TSZH-Zündung von Bosch. Die Zündkerzenvorgaben für die R 80 G/S lauteten Bosch W7D, Beru 175/14/3A oder 14/7DU sowie Champion N10Y oder N9Y. Die entstörten Zündkerzenstecker mit Blechgehäuse kamen von der /6; als Zündspule diente eine Doppelfunkenzündspule von Bosch, wie sie vor 1981 die R 65 verwendete. Die Zuverlässigkeit dieser grauen Zündspulen war eine der wenigen Schwachstellen der R 80 G/S. Als Spannungsquelle diente eine knappe 9-Ah-Batterie. Falls der Käufer den optionalen Elektrostarter bestellte (Bosch-Bauteil mit 0,7 kW; Serienausstattung bei den US-Modellen), war auch eine stärkere Batterie mit 16 Ah eingebaut. Wie bei der R 65 befanden sich viele Elektrik-Komponenten rechts neben dem Rahmenzentralrohr.

Rahmen und Radaufhängungen

Der R 80 G/S-Rahmen war im Wesentlichen ein R 65-Rahmen, wie dieser ohne zusätzliches Verstärkungsrohr innerhalb des Zentralrohres.

Die Rahmenunterzüge waren kräftige Rohre mit einem Querschnitt von fast 32 mm. Ganz neu waren das angeschraubte Rahmenheck und die als „Monolever" bezeichnete Einarmschwinge. Das groß dimensionierte Schwingenrohr diente wieder als Gehäuse für die mit einer Ölfüllung geschmierte Kardanwelle und sollte 50 % verdrehsteifer sein und 2 kg weniger wiegen als eine herkömmliche Zweiarmschwinge. Als Lager dienten wieder Kegelrollenlager.

Die Teleskopgabel der R 80 G/S war innen aufgebaut wie die R 65-Gabel und hatte einen Standrohrdurchmesser von 36 mm. An den Gleitrohren waren die Achsaufnahme nach vorn verlegt und eine

MOTORDATEN

BOHRUNG (MM)	HUB (MM)	HUBRAUM (CM³)	VERDICHTUNG	LEISTUNG NACH DIN
84,8	70,6	797	8,2:1	50 PS bei 6.500 min^{-1}

VERGASER R 80 G/S UND R 80 ST (1981 - 1983)

LINKER VERGASER	BING 64/32/305 (US-MODELL 321)
RECHTER VERGASER	BING 64/32/306 (US-MODELL 322)
HAUPTDÜSE	145
NADELDÜSE	2.64
DÜSENNADEL	46-241
NADELPOSITION	4
LEERLAUFDÜSE	45 (40)

Allen Boxermodellen ab 1981 gemeinsam war der neue rechteckige Luftfilterkasten mit zwei nach vorne gerichteten Ansaugschnorcheln.

Wie bei der R 65 saßen auch bei der R 80 G/S viele der elektrischen Komponenten rechts neben dem Zentralrohr unter dem Tank.

Serienmäßig war die R 80 G/S mit einem 21-Zoll-Vorderrad und einer Einscheibenbremse von Brembo ausgerüstet. Die Gleitrohrverbindung über dem Vorderrad ist nicht serienmäßig.

Zur Befestigung des Hinterrads wählte BMW eine auto-ähnliche Lösung mit drei Radmuttern.

Den kleinen Scheinwerfer umgab ein Kunststoffgehäuse, das gleichzeitig auch als Instrumenten- bzw. Kontrollleuchtenträger diente. Der Kraftstofftank hatte nur einen Benzinhahn, der links angebracht war. Im Modelljahr 1981 gab es nur die Farbe Weiß; der Lenker war werkseitig schwarz verchromt.

Ein außergewöhnliches Detail an der R 80 G/S war der nach hinten weisende Schalthebel. Er war in dieser Form auch an der R 80 ST und später an der R 100 GS vorhanden.

Die Verzahnungen auf den Fußrasten und dem Bremshebel sollten die Geländetauglichkeit der R 80 G/S signalisieren, Ihre Stärken lagen aber eindeutig auf dem Asphalt.

Befestigungsmöglichkeit für eine zweite Bremsscheibe vorgesehen. In eine angegossene Einfassung wurde der Seitenreflektor eingeklebt. Der Federweg betrug 200 mm wie bei den großen Boxermodellen. Faltenbälge mit 14 Segmenten schützten die Standrohre; die obere Gabelbrücke war ein Spezialteil für die R 80 G/S (und R 80 ST). Das hintere Federbein stammte von Boge und ermöglichte 170 mm Federweg. Es stützte sich am Rahmen im dafür verstärkten Bereich der Heckrahmenbefestigung ab, was die Heckpartie im Vergleich zur Ausführung mit zwei Federbeinen insgesamt stabiler machte.

Räder, Reifen und Bremsen

Die Vorderradfelge 1,85B x 21 aus gehärtetem Aluminium war durch 40 ungekröpfte und 4 mm starke Speichen mit der Vorderradnabe aus Aluminiumguss verbunden; die Felgengröße hinten maß 2,15B x 18. Das Felgenprofil war eigens für einen leichteren Reifenwechsel optimiert worden. Metzeler entwickelte für die R 80 G/S spezielle Enduro-Reifen in der Größe 3.00 – 21 (vorn) bzw. 4.00 – 18 (hinten). Es waren die ersten Reifen dieser Bauart, die für eine Geschwindigkeit von 170 km/h freigegeben waren. Zur Befestigung des Hinterrads dienten ähnlich wie bei einem PKW drei 12-mm-Muttern mit konischen Zentrierstücken.

Auch von der R 65 stammte die vordere Bremsanlage der R 80 G/S mit 260 mm großer Einzelbremsscheibe und einem Brembo-Bremssattel mit 38-mm-Kolben. Der Hauptbremszylinder mit 13 mm Durchmesser war als eigenes Bauteil in den Magura-Gasdrehgriff integriert. Ab September 1981 ersetzte ihn ein Hauptbremszylinder mit 12-mm-Kolben. Ganz neu waren asbestfreie Semi-Metallic-Bremsbeläge. Das Hinterrad wurde wieder über die bekannte gestängebetätigte Simplexbremse mit 200 mm großer Bremstrommel verzögert.

Kraftstofftank, Batterieabdeckungen und Kotflügel

Der Kraftstofftank ähnelte dem R 65, war aber mit 19,5 Litern etwas kleiner. Rechts hatte er eine Aussparung für die elektrischen Bauteile, die neben dem Zentralrohr angebracht waren. Daher war auch nur links ein Benzinhahn vorhanden. Die Tankbelüftung erfolgte durch einen auf den Stutzen in der Tankdeckelmitte aufgeschobenen Schlauch. Daher war der Deckel nicht abschließbar. Eine recht komplizierte, elektrisch gesteuerte Tankentlüftung hatten dagegen die kalifornischen Modelle. Der hoch gelegte Vorderradkotflügel, der schwarze Hinterradkotflügel und die Batterieabdeckungen waren aus Kunststoff hergestellt. Im Modelljahr 1981 wurde nur die Farbe Weiß mit seitlichen Tankaufklebern in zwei verschiedenen Blautönen angeboten.

Sitzbank und Anbauteile

Für die Sitzbankfarbe konnte der Kunde bei der R 80 G/S zwischen Blau oder einem markanten Orange wählen. Die 600 mm lange abschließbare Sitzbank konnte als gesamtes Bauteil abgenommen werden. Der Haltegriff für den Beifahrer war im Rahmenheck integriert. Unter der Sitzbank befand sich ein Staufach mit dem Werkzeugsatz, die Luftpumpe war im Rahmenzentralrohr versteckt. Aus Platzgründen entfiel der Verbandskasten. Der 820 mm breite Endurolenker war schwarz verchromt und hatte eine Verstärkungsstrebe. Die Gehäuse der beiden runden Rückspiegel waren mattschwarz. An den ersten G/S-Modellen gab es noch unterschiedliche Schlüssel für das Lenkschloss und die Zündung bzw. Sitzbank, später wurde auch hier das Ein-Schlüssel-System eingeführt.

Fußrasten, Schalthebel und Hinterradbremshebel waren speziell für die R 80 G/S entwickelt. Die Fußrasten im Moto-Cross-Stil hatten ein Sägezahnprofil, waren nicht einstellbar, aber klappbar und wurden von starken Federn zurückgedrückt. Der Schalthebel, ein Pressstahlteil, zeigte ungewöhnlicher Weise nach hinten. Er übertrug die Fußbewegung über ein Gestänge mit Kugelköpfen auf einen weiteren Hebel am Getriebe. Da die schwarzen Zylinderschutzbügel mit integrierter Seitenständeraufnahme Aufpreis kosteten, hatte die R 80 G/S serienmäßig nur einen Hauptständer. Ab Oktober 1981 hatte er verstärkte Rückzugsfedern und Federaufnahmen. Der Seitenständer klappte, falls vorhanden, wie bei allen 1981er Modellen selbststätig ein. Weitere Ausstattungsoptionen waren eine kleine Verkleidungsscheibe, ein Gepäckträger und ein Gepäckkoffer (nur für die rechte Seite).

Elektrische Anlage, Schalter, Instrumente, Scheinwerfer und Rücklicht

Viele Bedienungselemente und Leuchten, wie Lenkerschalter, Magura-Hebel und die rechteckigen Blinker mit Kunststoffgehäuse, stammten aus dem BMW-Baukasten von 1981. Statt der Fiamm-Signalhörner war wie bei der /6 nur eine runde Bosch-Hupe vorhanden. In der Lampenverkleidung war als einziges Anzeigeinstrument ein Tachometer mit Tageskilometerzähler (1981 mit 85-Meilen-Skala in den USA) und einer Wegstreckenzahl von W = 1,244 (US-Modelle W = 0,773) eingebaut. Die Skala des Meilentachos hatte zusätzliche km/h-Markierungen. Optional konnten ein Drehzahlmesser und eine Quarzuhr nachgerüstet werden.

An Kontrollleuchten waren solche für Blinker, Fernlicht, Öldruck und Leerlauf sowie Batterieladung vorhanden. Unterhalb der Ladekontrollleuchte befand sich das Zündschloss. Das Blinksignal hatte keine zusätzliche akustische Anzeige, und aus unerfindlichem Grund waren Blinker- und Leerlaufkontrollleuchte beide grün. Der H4-Scheinwerfer von Bosch maß 140 mm Durchmesser, das Ein-Kammer-Rücklicht barg eine 21/5-Watt-Glühlampe.

MASSE, GEWICHTE UND FAHRLEISTUNGEN DER R 80 G/S

BREITE	746 MM
SITZHÖHE	861 MM
LÄNGE	2230 MM
HÖHE	1151 MM
RADSTAND	1466 MM
GEWICHT TROCKEN	167 KG (173 KG MIT ELEKTRISCHEM ANLASSER)
GEWICHT VOLLGETANKT (DIN)	186 KG (192 KG MIT ELEKTRISCHEM ANLASSER)
HÖCHSTGESCHWINDIGKEIT	166 KM/H
BESCHLEUNIGUNG VON 0 - 400 M	13,8 S

VERGASER R 80 G/S UND R 80 ST (AB MAI 1983)

LINKER VERGASER	BING 64/32/349 (US-MODELL 351)
RECHTER VERGASER	BING 64/32/350 (US-MODELL 352)
HAUPTDÜSE	135 (132)
NADELDÜSE	2.68 (2.66)
DÜSENNADEL	46-251
NADELPOSITION	3 (2)
LEERLAUFDÜSE	45

Das einzige Instrument an der R 80 G/S war der Tachometer von Moto-Meter.

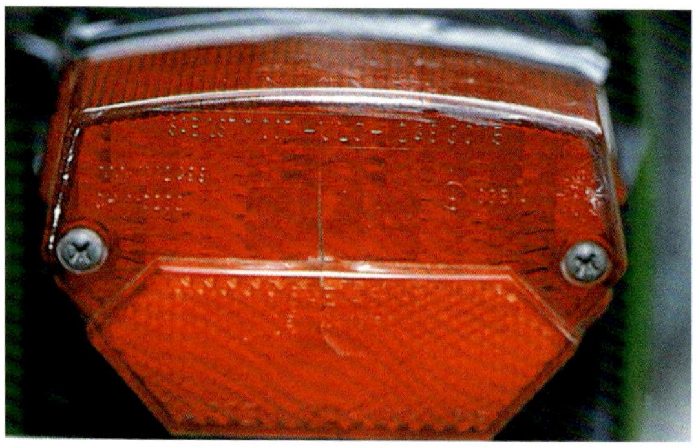

Im Rücklicht der R 80 G/S befand sich nur ein 21/5-Watt-Glühlampe.

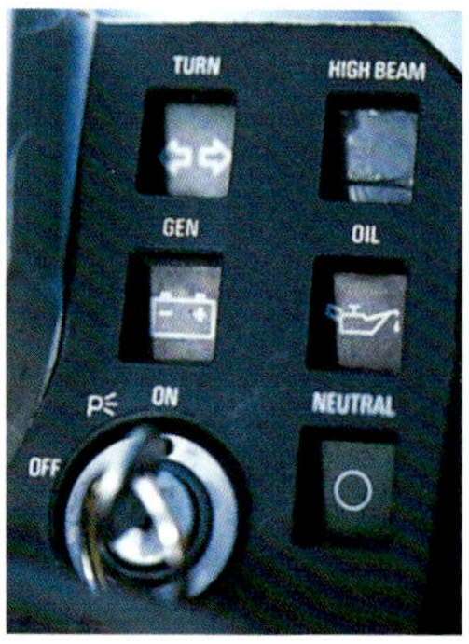

Rechts neben dem Tachometer waren die Kontrollleuchten und das Zündschloss angeordnet.

Für das Modelljahr 1982 nahm BMW an der R 80 G/S nur wenige Änderungen vor. Der elektrische Anlasser war nun serienmäßig und die Hinterradfelge 2,5 Zoll breit. Auch eine zweite Farbe war erhältlich: Blau mit rot/blauen Tankaufklebern und schwarzer Sitzbank. Die G/S erhielt das Ein-Schlüssel-System. Ab Fahrgestellnummer 6287262 (US-Modelle ab Nummer 6362765) verwendete BMW einen neuen Rahmen. Der für die rechte Seite erhältliche Gepäckkoffer aus dem Zubehörprogramm hatte nun die neue, eckigere Form. In den USA sank 1982 der Preis auf $4100.

R 80 G/S und R 80 ST, Modelljahre 1983 bis 1984

1983 wurde der R 80 G/S mit der R 80 ST ein reines Straßenmodell zur Seite gestellt. Sie war mit fast dem gleichen Motor und fast gleichem Fahrwerk der G/S sehr ähnlich, erhielt aber einige Änderungen für eine erhöhte Straßentauglichkeit.

Bei den Motoren gab es nur Detailunterschiede zwischen den beiden Modellen. Der R 80 ST-Motor hatte die tiefere Ölwanne der R 100-Modelle von 1981 ohne Steinschlagschutz und das Ölpumpenansaugsieb der R 80 RT (das der G/S stammte von der R 80/7). Die R 80 ST hatte serienmäßig keinen Kickstarter und schwarze Ventildeckel.

Die 2-in-1-Auspuffanlage war die der R 80 G/S, aber hochglanzverchromt und mit einer zusätzlichen

Die 1983 erschienene R 80 ST sollte als reine Straßenmaschine an dem Erfolg der R 80 G/S teilhaben, fand aber nicht den erwarteten Zuspruch. Wie alle US-Modelle hat auch das abgebildete Exemplar ein Sekundärluftsystem und Seitenreflektoren am Kennzeichenträger. Eine der beiden erhältlichen Farben war Rot-metallic, das mit weißen Zierlinien versehen war. Das Bild stammt aus einem zeitgenössischen Testbericht.
Bild: *Cycle World*

Für den Straßeneinsatz erhielt die R 80 ST ein 19-Zoll-Vorderrad, aber auch nur eine Einscheibenbremse. Die Vorderachse wurde mittig durch die Tauchrohre geführt. Das Bild zeigt ein unrestauriertes Motorrad von 1984, allerdings sind die Faltenbälge an den Standrohren nicht original.

schwarzen Abdeckung als Hitzeschutz am Schalldämpfer. Dadurch konnte auch auf der linken Seite ein Gepäckkoffer montiert werden.

Die neue überarbeitete Schaltkurve des R 80 ST-Getriebes sollte schon bald bei allen Modellen zum Einsatz kommen. Die Hinterradübersetzung war serienmäßig identisch mit der R 80 G/S, optional war eine längere Übersetzung (3,20; 10:32 Zähne) bestellbar. Die Bing-Vergaser hatten die Bezeichnung V64 II. Im Zuge der ständigen Modellpflege erhielten beide Modellen ab Mai 1983 an den Vergasern neue Gleichdruckkolben, Düsennadeln und einen größeren O-Ring am Kolbenschieberanschlag. Außerdem bekam das Luftfiltergehäuse einen neuen Deckel.

Da die R 80 ST serienmäßig nur mit einem elektrischen Anlasser geliefert wurde, war die große 16-Ah-Batterie eingebaut.

Rahmen und Monolever-Schwinge der R 80 ST waren baugleich mit der R 80 G/S, Teleskopgabel und hinteres Federbein unterschiedlich. Auf einigen frühen Prospekten ist die R 80S T mit der G/S-Gabel mit vorverlegter Radachse zu sehen, die der Serienmodelle hatten eine mittige Radachsenaufnahme wie bei der R 65 und Tauchrohre in Aluminiumoptik mit integrierten Seitenreflektoren und angegossenen Aufnahmen für eine zweite Scheibenbremse. Die Standrohre waren länger als die der R 65 und im Innern war – wie bei den großen Boxermodellen – eine zusätzliche Feder für die Druckstufe. Gegenüber der G/S fielen die Federwege etwas geringer aus: vorne 175 mm und hinten aufgrund des verkürzten R 80 G/S-Federbeins von Boge noch 153 mm.

Abweichend war auch die Größe des vorderen Speichenrads mit einer 19-Zoll Felge (1,85B x 19), während hinten die Größe der R 80 G/S (2,50B x 18) blieb, darauf Straßenreifen in den Dimensionen 100/90 H19 und 120/90 H18. Gemeinsam mit der R 80 G/S waren die vordere Einscheibenbremse von Brembo und die hintere 200-mm-Simplexbremse. Ab März 1983 installierte BMW bei der G/S und der ST neue Abdeckungen an der Bremstrommel. Die R 80 G/S erhielt ab September 1983 neben einem neuen Bremshebel auch ein neues Federbein mit einem externen Ausgleichsbehälter.

Die meisten Anbauteile der R 80 ST wurden direkt von der G/S übernommen. Der Kraftstofftank

MASSE, GEWICHTE UND FAHRLEISTUNGEN DER R 80 ST

BREITE	746 MM
SITZHÖHE	846 MM
LÄNGE	2179 MM
HÖHE	1151 MM
RADSTAND	1466 MM
GEWICHT TROCKEN	183 KG
GEWICHT VOLLGETANKT (DIN)	198 KG
HÖCHSTGESCHWINDIGKEIT	173 KM/H

Der R 80 ST-Motor erhielt die tiefere Ölwanne der R 100-Modelle von 1981. Gegenüber der Zweiarmschwinge verbesserte die verwindungssteifere Monolever-Schwinge deutlich die Fahreigenschaften. Zur Auspuffanlage gehörte ein Vorschalldämpfer, der unter dem Getriebe angeordnet war. Die silbergrauen Modelle hatten rote Zierstreifen.

hatte ebenfalls nur einen Benzinhahn, war allerdings mit einer Füllmenge von 19 Litern etwas kleiner und hatte dafür einen versenkten abschließbaren Tankdeckel.

Der vordere und hintere Kotflügel waren in Fahrzeugfarbe lackiert – ebenso die etwas größeren Batterieabdeckungen, deren linke auch über den Auspufftopf reichte. Zwei Farben standen zur Auswahl: Rot-metallic und Silbergrau-metallic. Ein wesentlicher Unterschied zwischen R 80 ST und R 80 G/S bestand in der Instrumenteneinheit. Das Cockpit der ST entstammte der R 65, mit jeweils 100 mm großen Tachometer und Drehzahlmesser und einem Zündschloss dazwischen, mit dem auch das Licht eingeschaltet wurde. Aufgrund der gleichen Hinterradübersetzung waren die Wegstreckenzahlen des ST- und G/S-Tachometers identisch. Im elektronischen Drehzahlmesser fanden die Kontrollleuchten für Batterieladung, Öldruck und Leerlauf sowie Fernlicht ihren Platz. Auch der 160 mm große Scheinwerfer stammte von der R 65, wie auch der an den beiden Gabelbrücken befestigte Halterahmen.

Von der US-R 65 stammte der 680 mm breite verchromte R 80 ST-Lenker, die Lenkerarmaturen von der G/S bzw. den R 100-Modellen. Zur Serienausstattung der ST zählten verchromte Zylinderschutzbügel, an denen (links) auch der Seitenständer mit zwei Rückzugsfedern angebracht war.

Auf dem Papier erfüllte die R 80 ST alle Voraussetzungen für das perfekte Straßenmotorrad, war aber auch eine konsequente Umsetzung des Baukastensystems mit der Verwendung vorhandener Bauteile. Die hochgelegte Auspuffanlage sah gewöhnungsbedürftig aus, und für einen Preis in den USA von $4190 ($4300 im Modelljahr 1984) war die

Von der R 65 stammte das Cockpit mit dem größeren Tachometer und Drehzahlmesser. Uhr und Voltmeter waren über das Zubehörprogramm erhältlich.

Ab 1981 hatten alle Modelle einen am Lenker montierten Hauptbremszylinder mit rechteckigem Ausgleichsbehälter.

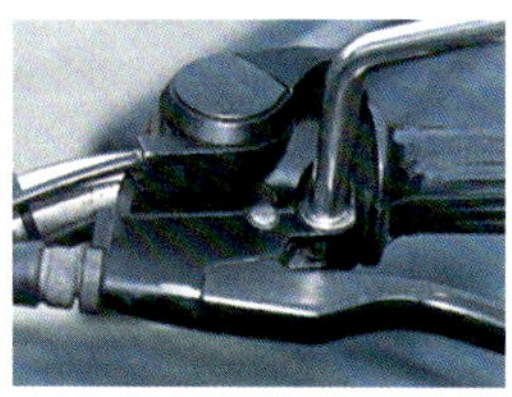

Mit der Modellpflege von 1981 wurde auch der Chokehebel an das linke Lenkerende verlegt.

Die Fußrasten der R 80 ST waren klappbar und mit eigenen Fußrastengummis versehen.

Auch wenn die R 80 ST nur eine „angemessene" Motorleistung aufwies, glänzte sie unter den BMW-Boxer-Motorrädern mit geringem Gewicht und hervorragendem Handling. Die Koffer aus dem Zubehörprogramm konnten an beiden Seiten angebracht werden und nicht nur rechts wie bei der G/S. Die R 80 ST ist in vielerlei Hinsicht ein unterbewertetes Motorrad und hätte mehr Beachtung verdient.

Leistung etwas bescheiden. Daher fanden nur 980 Exemplare der R 80 ST einen Käufer in den USA. Zu Ende des Modelljahrs 1984 wurde die Produktion eingestellt.

R 80 G/S Paris-Dakar, Modelljahr 1984

Zur Feier der Erfolge bei der Rallye Paris-Dakar in den Jahren 1981, 1983 und 1984 legte BMW 1984 ein Paris-Dakar-Sondermodell der R 80 G/S auf. Es entstand auf Basis der G/S durch den Anbau einiger besonderer Teile. Rahmen und Motor blieben unverändert, aber darüber thronte ein mächtiger weißer Stahltank mit 31,5 Liter Fassungsvermögen, signiert von Paris-Dakar-Sieger Gaston Rahier. Auf den Tankseiten befanden sich Aufkleber in den blau-roten BMW-Motorsport-Farben und Kniepolster aus Schaumstoff. Dazu kamen eine festgeschraubte rote Einzelsitzbank und ein schwarzer Gepäckträger mit genug Kapazität für lange Reiseetappen. Um zum Stauraum unter dem Sitz zu gelangen, musste man die Sitzbank-/Gepäckträgereinheit abschrauben, was ziemlich lästig war. Die Kotflügel bestanden aus weißem Kunststoff, der hintere unterschied sich vom regulären G/S-Kotflügel. Auf seitliche Batterieabdeckungen hatte man verzichtet. Die Auspuffkrümmer waren weiterhin schwarz, der Endschalldämpfer der Paris-Dakar war dagegen aus rostfreiem Stahl mit schwarzem Hitzeschutz. Für eine stabile Bordspannung sorgte eine größere Batterie mit 20 Ah. Serienmäßig waren schwarze Zylinderschutzbügel und der Seitenständer. Durch all diese Teile erhöhte sich das Gewicht auf 205 kg.

R 80 G/S, Modelljahre 1985 bis 1987

Nachdem 1984 ein BMW-Werksteam auf R 80 G/S die Baja 1000 in der Class30 (Teilnehmer über 30 Jahre) gewann, zog 1985 in den USA die Nachfrage nach der G/S an. BMW hatte passenderweise, nach wenigen Änderungen in den Jahren 1981 bis 1984, das Modelljahr 1985 erheblich überarbeitet. Die Basis-G/S und die Paris-Dakar-Version erhielten gemeinsam mit der ebenfalls verjüngten R 80-Baureihe einen überarbeiteten Motor. An den Zylinderköpfen waren die Lagerstellen der Kipphebelachsen modifiziert worden. Sie erhielten Nadellager und seitliche Anlaufscheiben aus Kunststoff, um ein Axialspiel von 0,03 - 0,07 mm einzuhalten und so die Ventilgeräusche zu verringern.

Zwischen die Kühlrippen geklemmte Gummischeiben reduzierten die Geräusche weiter. Ein neues Ventilsitzmaterial löste das Problem eingeschlagener Ventilsitze beim Betrieb mit bleifreiem Kraftstoff. Ab Februar 1985 verwendete BMW ein neues Ölüberdruckventil mit einer 16-mm-Feder (anstelle bisher 11 mm) und einem 14-mm-Verschlussstopfen.

Das Getriebe erhielt im März 1985 eine neue Eingangswelle mit neuem Antriebsrad und geänderten Anlaufscheiben, sowie eine neue Kickstarterverzahnung. Überarbeitet war bei gleichgebliebenen Übersetzungen auch der Hinterradantrieb samt Gehäuse. Der Kegel-/Tellerradsatz war neu, und ein Kegelrollenlager der Dimension 25x47x15 mm aus der K-Baureihe ersetzte das bisherige Nadellager in der Größe 35x50x20 mm.

Die US-Modelle bekamen für 1985 neue Bing-Vergaser (64/32/357 bzw. 358) mit kleineren Hauptdüsen (130) und neuen Schieberfedern. Ab September 1984 wurde der Gasdrehgriff samt Abdeckung durch eine neue Version ersetzt. Alle Maschinen des Modelljahrgangs 1985 erhielten die große 20-Ah-Batterie. 1986 nahm BMW an der G/S und Paris-Dakar keine Änderungen vor, 1987 erschienen sie in neuen Farben.

Eine Version hatte einen roten Kraftstofftank zusammen mit neuen roten Aufklebern auf den

Eine rote Einzelsitzbank und ein Gepäckträger unterschieden die Paris-Dakar-Version zusätzlich von der Basis-G/S. Sie war kein Motorrad für den harten Geländeeinsatz, aber hervorragend für Fernreisen auf schlechten Straßen oder Schotterpisten geeignet. Hier war die R 80 G/S Paris-Dakar konkurrenzlos.

Die Paris-Dakar-Version der R 80 G/S wurde 1984 eingeführt und sollte die Siege der BMW-Motorräder bei dieser traditionsreichen Wüsten-Rallye würdigen (und natürlich den Absatz steigern). Im Grunde handelte es sich nur um kosmetische Änderungen an der erfolgreichen R 80 G/S.

Batterieabdeckungen, außerdem gab es eine Variante mit blauem Tank, blauer Sitzbank und blauen Aufklebern. Die Sitzform war etwas abgeändert, die Lampenverkleidung nun weiß und die Ventildeckel schwarz. Da jetzt alle G/S-Versionen die Schalldämpferabdeckung der Paris-Dakar hatten, konnte ab sofort überall der linke Gepäckkoffer angebracht werden.

R 65 GS, Modelljahr 1988

1988 ersetzte die R 80 GS (jetzt ohne Schrägstrich geschrieben) mit Paralever die R 80 G/S. Trotzdem lebte die G/S weiter – als R 65GS. BMW baute dazu den Motor der R 65 mit 650 cm³ (Bohrung x Hub: 82 mm x 61,5 mm) in das „alte" Monolever-Fahrwerk ein. Mit einer Verdichtung von 8,4:1 und 26-mm-Bing-Vergasern (Typ 64/26/317 bzw. 318) hatte sie eine Leistung von 27 PS bei 5500 min^{-1} und war in erster Linie für den deutschen Markt vorgesehen. Optisch sah die weiße R 65GS der R 80 G/S von 1987 zum Verwechseln ähnlich, fand aber auch in Deutschland nicht die erhoffte Nachfrage. Gebaut wurde sie für die Modelljahre 1988 bis 1992. Wesentlich erfolgreicher war die neue R 100 GS, aus der ein weiterer Klassiker werden sollte.

PRODUKTIONSZAHLEN R 80 G/S, R 80 ST, R 65 GS 1981 BIS 1992

MODELL	MODELLJAHRE	GESAMT
R 80 G/S	1980 - 1987	21864
R 80 ST	1982 - 1984	5963
R 65 GS	1988 - 1992	1727

Der mächtige Tank der Paris-Dakar (Fassungsvermögen 31,5 Liter) hatte Aufkleber im BMW-Motorsport-Design, Kniepolster – und eine Unterschrift von Gaston Rahier.

Kapitel 9

R 45, R 65, R 65 LS, R 100 CS und R 100 (1981 bis 1984)

Mit Drahtspeichenrädern und Lenkerverkleidung erinnerte die R 100 CS an die R 90 S, hatte aber ein deutlich besseres Fahrverhalten und leistungsfähigere Bremsen. In einigen Prospekten ist die R 100 CS mit Speichenrädern abgebildet, allerdings waren diese dem australischen Markt vorbehalten. Die Abbildung zeigt ein australisches Modell von 1982.

1981 wurde mit der Straffung des Modellprogramms auch der überarbeitete A 10-Motor eingeführt. Die R 100 S wurde zur R 100 CS, und die R 100 zum einzigen Basismodell. Die R 80 G/S war die einzige offizielle 800-cm³-Maschine, die R 80 TIC bot BMW nur für den Behördeneinsatz an. 1982 und 1983 standen alle anderen Modelle im Schatten des Erfolgs der G/S.

R 100 CS und R 100, Modelljahr 1981

Als Nachfahre der R 90 S wirkte die R 100 CS vielleicht etwas altmodisch, war aber das fahraktivste Motorrad im Modellprogramm. Gemeinsam mit der R 100 RT hatte sie den neuen A10-Motor erhalten, der ein verstärktes Kurbelgehäuse, eine tiefere Ölwanne mit 2,5 Litern Füllmenge, 38-mm-Auspuffkrümmer mit einem zweiten Interferenzrohr, einen neuen Luftfilterkasten, eine erleichterte Kupplung und elektronische Zündung sowie ein neues Hinterradantriebsgehäuse hatte. Die europäischen R 100 CS-Modelle hatten eine Verdichtung von 9,5:1, die US-Modelle nur 8,2:1 und dazu ein Sekundärluftsystem. Die Leistung des A10-Motors gab BMW mit 70 PS an, 3 PS mehr als bei der R 100. Ein optisches Unterscheidungsmerkmal zur R 100 an der R 100 CS waren schwarze Ventildeckel. Mit dem günstigsten Leistungsgewicht aller BMW-Motorräder galt die R 100 CS als Sprinter und Kurvenräuber, konnte aber auch problemlos lange Strecken mit hoher Geschwindigkeit zurücklegen.

Alle R 100-Modelle hatten eine Verdichtung von 8,2:1 durch entsprechende Kolben, und 40-mm-Bing-Vergaser des Typs 94. Der Hinterradantrieb der US-Modelle war mit 2,91 übersetzt, die europäischen Modelle mit 3,0. Das gewohnt reichliche Optionsangebot umfasste Zylinderschutzbügel, Nivomat-Federbeine, elektrische Heizgriffe, weiße oder schwarze Gepäckkoffer, einen magnetischen Tankrucksack, Zusatzinstrumente und einen umfangreichen Werkzeugsatz. Das Touren-Windschild der R 100 war überarbeitet und jetzt einfacher befestigt. Einige Prospekte zeigten die R 100 CS mit Drahtspeichenrädern und Gleitrohren in Aluminiumoptik, aber die meisten Exemplare hatten Leichtmetallgussräder und schwarze Gleitrohre. Nur wenige R 100 CS fanden in den USA einen Käufer, und diese Fahrzeuge hatten Gussräder. Während das Vorgängermodell, die R 100 S, im Hinterrad noch mit Scheibenbremse ausgerüstet war, hatte die R 100 CS eine Trommelbremse in der schmaleren (2,50B x 18) Felge. Das Hinterrad und der neue Fußbremshebel samt Bremsnocken und Bremsbacken waren baugleich mit den R 100-Bauteilen. Sowohl bei der R 100 als auch bei der R 100 CS waren die vorderen Gussräder mit 2,15B x 19 breiter als die bisherigen R 100-Räder und wurden über eine Brembo-Doppelscheibenbremse mit Sintermetallbremsbelägen verzögert. Die Tauchrohre der R 100 hatten Aluminiumoptik, die Gleitrohre verband ein neuer Bügel, und ab Fahrgestellnummer 6193063 erhielt die Teleskopgabel zusätzliche Federn in der Druckstufe. Die hauptsächlich für Australien gedachte R 100 CS mit Speichenrädern hatte von früheren Ausführungen abweichende Radnaben mit neuen Distanzhülsen. Die Felgengrößen, vorn 1,85B x 19, hinten 2,15B x 18 (mit einer 200-mm-Simplex-Trommelbremse) waren die der R 100 S von 1977.

Etliche R 100 CS waren schwarz mit goldenen Zierlinien; die beliebteste Farbe für die R 100 war Silber mit blauen Zierlinien. Eigene „R 100 CS"-Aufkleber auf den Batterieabdeckungen zeigten die neue Modellbezeichnung. Die Rückspiegel an R 100 und R 100 CS waren rund und schwarz, und im Rahmenrohr der R 100 CS versteckte sich weiterhin ein Seilschloss (Zubehörteil bei der R 100). Am bekannten Platz im linken Lampenhalter befand sich das Zündschloss, der vordere Hauptbremszylinder war als separates Bauteil in den Gasdrehgriff integriert. Während die R 100 CS mit zwei Fiamm-Signalhörnern ausgestattet war, musste sich die R 100 mit einem auf der linken Seite begnügen. Dafür bot sie in den USA mit einem Preis von $5350 das beste Preis-/Leistungsverhältnis in der R 100-Baureihe. Für die R 100CS musste der Kunde $6600 bezahlen.

Fahrgestellnummern R 100 CS und R 100 (Modelljahre 1981 - 1984)

Modell	Nummern	Modelljahr	Produktionszeitraum
R 100 CS	6135001 - 6140000	1981 - 1984	09/80 - 10/84
R 100 CS USA)	6188001 - 6188163	1981	09/80 - 03/81
R 100 CS USA)	6188164 - 6188170	1982 - 1983	
R 100 CS USA)	6188171 - 6188174	1984	
R 100	6035001 - 6040000	1981 - 1984	09/80 - 11/84
R 100	6400001 - 6405000	1981 - 1984	09/80 - 11/84
R 100 (USA)	6175001 - 6175593	1981	09/80 - 03/81
R 100 (USA)	6175594 - 6176221	1982	09/81 - 06/82
R 100 (USA)	6176222 - 6176785	1983	08/82 - 12/83
R 100 (USA)	6176789 - 6178000	1984	06/83 - 03/84
R 100 (USA)	6186001 - 6186100	1984	04/84 - 10/84

Motordaten R 100 CS und R 100

	Bohrung (mm)	Hub (mm)	Hubraum (cm^3)	Verdichtung	Leistung
R 100 CS	94	70,6	980	9,5:1	70 PS bei 7000 min^{-1}
R 100 und R 100 CS (USA)	94	70,6	980	8,2:1	67 PS bei 7000 min^{-1}

Die R 100 CS war mit dem stärkeren Motor der R 100 RS/RT ausgestattet, der auch schwarze Ventildeckel aufwies. Alle R 100-Motoren ab 1981 hatten die tiefere Ölwanne und das rechteckige Luftfiltergehäuse; das abgebildete Modell ist mit dem optional erhältlichen Kickstarter nachgerüstet.

R 100 CS und R 100, Modelljahre 1982 bis 1984

1982 und 1983 war die R 100 CS nicht im US-Programm, aber es tauchten bis 1984 immer wieder einige Exemplare auf. Statt einer R 100 CS und einer R 100 bot BMW in den USA zu je $5350 die Touring und die Sport an.

Diese Bezeichnungen waren rein US-spezifisch und in den Produktionszahlen nicht ausgewiesen. Die Sport hatte die Lenkerverkleidung der CS und einen schmalen Lenker, die Touring die üblichen Seitenkoffer. Da sich die R 100 CS in den USA

Eine fabrikneue R 100 von 1981. Trotz einer niedrigeren Verdichtung des Motors waren weiterhin 40 mm große Vergaser vorhanden. Gegenüber R 100 RS und R 100 RT erhielt die R 100 am Hinterrad eine etwas schmalere Felge und eine Trommelbremse.

Das 1981er Modell der R 100 hatte ein umgelenktes Schaltgestänge, das mit einem Faltenbalg aus Gummi gegen äußere Einflüsse geschützt war. Nicht mehr vorhanden war der Schmiernippel am Schalthebel.

Das Cockpit der R 100 CS. Auf den ersten Blick könnte man es für das einer R 90 S halten, beim näheren Hinsehen treten die Unterschiede hervor: unterschiedliche Lenkerschalter, lenkerseitig montierter Hauptbremszylinder, Lenkerabdeckung usw. Der Lenkungsdämpfer war ein Zubehörteil.

wenig verkaufte, schien es ein geschickter Schachzug, die Modelle mehr zu vereinheitlichen. Ohne Zweifel hatte die neue Sport gegenüber der CS das bessere Preis-/Leistungsverhältnis. An beiden Modellen stand „R 100" auf den Batterieabdeckungen; die Gleitrohre waren unlackiert, die Ventildeckel schwarz. Die Räder waren aus Leichtmetallguss, hinten verzögerte eine Trommelbremse. Die US-Modelle verwendeten 1982 (R 100 CS ab Fahrgestellnummer 6188165 und R 100 ab Fahrgestellnummer 6175996) eine neue hintere Blinkeraufnahme.

Ab April 1982 kamen im Getriebe ein neues Antriebszahnrad und 5.-Gang-Radsatz zum Einsatz. Zum Modelljahr 1983 sanken die Preise, die R 100 Touring kostete $4990 und die R 100 Sport $5190.

MASSE, GEWICHTE UND FAHRLEISTUNGEN DER R 100 CS UND R 100 (1981 - 1984)

MODELL	R 100 CS	R 100
BREITE	746 MM	746 MM
SITZHÖHE	820 MM	820 MM
LÄNGE	2210 MM	2210 MM
HÖHE	1209 MM	1080 MM
RADSTAND	1466 MM	1466 MM
GEWICHT TROCKEN	200 KG	198 KG
GEWICHT VOLLGETANKT (DIN)	220 KG	218 KG
HÖCHSTGESCHWINDIGKEIT	CA. 189 KM/H	170 KM/H
BESCHLEUNIGUNG VON 0 - 400 M	13,5 S	

In Europa blieben R 100 CS und die R 100 mit schwarzen Gleitrohren und Leichtmetallgussrädern 1982 und 1983 im Modellprogramm. Im Modelljahr 1984 waren dann die Gleitrohre unlackiert, und auf den Batterieabdeckungen klebte ein „R 100"-Schriftzug. Außerdem wurde ein sehr seltenes Sondermodell R 100 CS Motorsport in dunkelblau mit orangefarbenen und hellblauen Zierlinien angeboten.

1984 tauchte die R 100 CS wieder in begrenzter Stückzahl zum Preis von $5500 im US-Modellprogramm auf. Die Preise der R 100 (Sport und Touring) stiegen im gleichen Jahr geringfügig auf $5300, und just zum Produktionsende waren die Verkaufszahlen in den USA höher als in allen anderen Märkten.

PRODUKTIONSZAHLEN R 100 CS UND R 100, MODELLJAHRE 1981 - 1984

MODELL	PRODUKTIONSZEITRAUM	1980	1981	1982	1983	1984	GESAMT
R 100 CS	09/80 - 10/84	516	1530	1276	493	49	3864
R 100 CS (USA)	09/80 - 09/84	126	38	4	3	3	174
R 100	09/80 - 11/84	948	2666	2394	594	193	6795
R 100 (USA)	09/80 - 10/84	358	556	598	673	237	2422
R 100 TIC (POLIZEI)	10/80 - 10/84	9	235	214	284	152	894
							14.149

An der R 100 war kein Lenkungsdämpfer vorhanden, und ein BMW-Emblem nahm den Platz des Handrads ein. Der Kilometerzählerstand des Tachometers weist diese R 100 von 1981 als Neufahrzeug aus. Ab 1981 befand sich die Fernlichtkontrollleuchte in der Leuchtenreihe zwischen den Instrumenten.

Das Zweikammerrücklicht des Modelljahres 1981 stammte aus dem Modelljahr 1979.

Alle Boxermodelle hatten ab 1981 den Chokehebel am linken Lenkerende. Diese R 100 hat wie die US-Modelle eine Dauerlichtschaltung und daher keinen Lichtschalter an der Lenkerarmatur.

R 45, R 65 und R 65 LS, Modelljahre 1981 bis 1984

Die Weiterentwicklungen der großen Boxermodelle flossen 1981 auch als neuer Motor mit der Bezeichnung A20 in die „kleine" Baureihe (R 45 und R 65) ein. Um Leistungseinbußen durch schärfere Vorschriften zu vermeiden, erhielten die Zylinderköpfe größere Ventile (Einlass 40 mm, Auslass 36 mm). Wie bei der R 100 kamen Nikasil®-Zylinder mit abdichtenden O-Ringen am Zylinderfuß, erleichterte Kupplung und Schwungrad und eine elektronische Zündung zum Einsatz. Ein zweites Interferenzrohr an den Auspuffkrümmern, ein zusätzlicher Ruckdämpfer an der Kardanwelle und mehr Motoröl durch eine tiefere Ölwanne kamen dazu. In den USA gab es weiterhin nur die R 65, ausgerüstet mit einem überarbeiteten saugrohrdruckgesteuerten Sekundärluftsystem mit Abschaltventil im Luftfiltergehäuse. Die Motoren der europäischen Modelle waren mit 9,2:1 verdichtet, die Verdichtung der US-Modelle durch geänderte Kolben auf 8,2:1 verringert. Von der R 45 gab es zwei Leistungsstufen, die R 45 S mit 35 PS (28-mm-Vergaser) und die gedrosselte R 45 N mit für Deutschland versicherungsgünstigen 27 PS (26-mm-Vergaser).

Das Rahmengrundprinzip blieb bei leicht veränderter Lenkgeometrie (Nachlauf 96 mm) gleich. Eine Doppelscheibenbremse mit 16-mm-Hauptbremszylinder war bei den US-Modellen serienmäßig. Die Hinterradschwinge war kräftiger, 10 mm länger und mit einem Schwingenrohr mit größerem Durchmesser und zusätzlichen Verstärkungsblechen. Das neue Hinterradantriebsgehäuse bestand aus Aluminiumdruckguss. Eine dünnere Polsterung mit einem weicheren Schaumstoff senkte die Sitzhöhe auf 810 mm. Die R 65 des Modelljahres 1981 sah der Vorgängermaschine sehr ähnlich, war aber in vielen Punkten verbessert und mit $3995 auch günstiger.

1982 erhielt die R 65 ein Schwestermodell, die wieder von Hans A. Muth entworfene R 65 LS. Mit Rahmen und Motor der Standard-R 65 unterschied sich die LS durch besondere Stylingelemente. Die Scheinwerferverkleidung integrierte die Instrumente und reduzierte den Auftrieb der Frontpartie wie ein Spoiler um 30 %. Passend dazu geformt waren der vordere Kotflügel aus glasfaserverstärktem Kunststoff und das Sitzbankheck mit eingelassenen Beifahrerhaltegriffen. Die neue Sitzbankform erhöhte auch das Staufachvolumen von 2,3 Liter auf 3,2 Liter. Die in Rot und Silber erhältliche R 65 LS hatte für eine sportlichere Sitzposition einen schwarz verchromten, flacheren Lenker. Die komplette Auspuffanlage war mattschwarz plasmabeschichtet, allerdings erwies sich diese Oberflächenbehandlung als nicht sehr korrosionsbeständig.

Ein weiteres Merkmal der R 65 LS waren die Räder. Vorder- und Hinterrad hatten weiterhin einen Durchmesser von 18 Zoll, die vordere Felge war mit 2,15 Zoll etwas breiter, aber das Design war völlig neu.

Die Räder waren eine Gemeinschaftsentwicklung von BMW und Alusuisse und bestanden aus

Grundsätzlich waren die Gleitrohre der Teleskopgabel bei der R 100 CS schwarz lackiert, was allerdings an dem abgebildeten Exemplar nicht der Fall ist. Die Drahtspeichenräder der australischen Modelle waren aufgrund von Marktanalysen vorgesehen worden, jedoch fanden nur wenige Maschinen einen Käufer. Dieses Motorrad von 1982 ist original und unrestauriert und in diesem Zustand mittlerweile schwer zu finden.

Diese R 100 CS von 1982 trägt „R 100“-Aufkleber auf den Batterieabdeckungen, obwohl es sich von den technischen Daten um eine CS handelt. Die Rahmennummer 6400013 gehört ebenfalls zur R 100-Baureihe, daher handelt es sich hier um eine R 100 Sport, die 1982 neben der R 100 Touring angeboten wurde. Im Gegensatz zu anderen Boxermodellen von 1982 weist der Ausgang an den Benzinhähnen hier nach unten statt nach hinten.

einer durch Wärmebehandlung gehärteten Aluminiumfelge und einer sternförmigen Nabe aus Leichtmetalldruckguss. Die geschwungene Form der verbindenden Speichen gab dem Rad eine definierte Nachgiebigkeit, und so vereinte die Mischbauweise die Elastizität eines Speichenrads mit der Stabilität eines Leichtmetallgussrads. Zudem war die Konstruktion leichter als das bisherige Gussrad im „Schneeflocken-Design“: das Vorderrads wog 750 Gramm, das Hinterrad 1,35 kg weniger. Die Hinterradnabe enthielt auch eine größere Bremstrommel mit 220 mm Durchmesser für eine gestängebetätigte Simplex-Trommelbremse. Die Farbgebung der Räder hing von der Fahrzeugfarbe ab; die rote R 65 LS hatte weiße Räder, bei der silberfarbenen LS waren sie auch in Silber ausgeführt. Ab 1984 erhielten alle Boxermodelle diese Räder.

Frühe R 65-Modelle (einschließlich der LS) waren mit silber-eloxierten ATE-Bremssätteln ausgerüstet und so auch in den Prospekten abgebildet. Die meisten Serienmaschinen verließen jedoch

Mit ihrem niedrigen Lenker sollte die R 65 LS das Styling der R 90 S neu interpretieren. Dem eher konservativ eingestellten BMW-Fahrer war dieses Aussehen zu außergewöhnlich. Zwar wurden 6389 R 65 LS gebaut, aber nur wenige Exemplare dieses ungeliebten Modells scheinen im Originalzustand überlebt zu haben.

mit schwarzen Brembo-Bremssätteln das Fertigungsband. Die R 65-Bremssättel hatten 36 mm große Bremskolben, die der großen Boxermodelle 38-mm-Kolben.

Die R 65 LS erhielt ab Werk eine Doppelscheibenbremse vorn, deren hydraulisches Übersetzungsverhältnis durch einen Hauptbremszylinder mit 15-mm-Kolben auf geringere Handhebelkräfte ausgelegt war. Die R 65 musste sich ab Modelljahr 1982 mit einer Einscheibenbremse begnügen, dafür sank der Preis auf $3600. Die R 65 LS kostete 1982 $3995, 1983 nur noch $3900, dafür 1984 $4100. Die deutlich praktischeren R 80 G/S und R 80 ST kosteten nur $200 mehr, und so war auch die R 65 LS nur ein kurzlebiges Modell – ihre Fertigung wurde Ende des Modelljahres 1985 eingestellt. Auch die Produktion der R 45 und R 65, die in den USA nicht mehr angeboten wurden, lief dann aus.

Technische Daten R 45, R 65 und R 65 LS (Modelljahre 1981 - 1984)

	R 45	R 65	R 65
Bohrung (mm)	70	82	82
Hub (mm)	61,5	61,5	61,5
Hubraum (cm^3)	473	650	650
Leistung (DIN)	35 PS bei 7250 min^{-1}	50 PS bei 7250 min^{-1}	50 PS bei 7250 min^{-1}
Verdichtung	9,2:1 (8,2:1)	9,2:1 (8,2:1)	9,2:1 (8,2:1)
Vergaser	Bing 64/28/303 bzw. 304 Bing 64/26/303 bzw. 304	Bing 64/32/307 bzw. 308	Bing 64/32/307 bzw. 308
Breite (mm)	688	688	688
Länge (mm)	2111	2111	2111
Höhe (mm)	1080	1080	1080
Radstand (mm)	1400	1400	1400
Gewicht trocken	186	186	186
Gewicht vollgetankt (kg)	205	205	205
Höchstgeschwindigkeit (km/h)	148	170	170

Kapitel 10

Luftgekühlte Boxer nach 1984

Das erfolgreichste Modell, das mit der Wiederbelebung des luftgekühlten Boxermotors entstand, war die GS, einschließlich der hier abgebildeten R 100 GS Paris-Dakar von 1991. Sie setzte den Erfolg der R 80 G/S fort, obwohl ein so mächtiges Motorrad für eine Enduro eigentlich als ungeeignet erscheint. Die Verkaufszahlen sprachen aber für sich.

Nach dem Modelljahr 1984 ersetzte die neue K-Baureihe mit wassergekühlten Motoren die 1000 cm³-Boxer, die Modelle mit 650 cm³ und 800 cm³ blieben im Programm. Zuerst sah es so aus, als baute man die renovierten Zweizylinder nur noch, um traditionelle BMW-Kunden zufrieden zu stellen und das klassische Erbe auf Sparflamme fortzuführen. Die erfolgreiche R 80 G/S blieb praktisch unverändert, die R 65, R 80 und R 80 RT erhielten zumindest kleinere Modellpflegemaßnahmen. Es zeigte sich jedoch bald, dass der Erfolg der K-Baureihe mit ihren Drei- und Vierzylindermotoren nicht die Erwartungen von BMW erfüllte. Das Interesse an den K-Modellen flaute ab und das an den alten, luftgekühlten Boxermodellen erlebte eine Renaissance. BMW musste reagieren und stellte 1988 eine völlig neue „luftgekühlte" Modellpalette auf Basis der R 80 vor. An deren Spitze standen die wiederbelebten R 100 RS und R 100 RT und die neue R 100 GS mit Paralever-Schwinge und ließen die K 100 und K 75 fast etwas verblassen. Richteten sich R 100 RS und R 100 RT mehr an den traditionellen BMW-Kunden, sicherte der Verkaufserfolg der Enduro R 100 GS über Jahre das Überleben des klassischen luftgekühlten Boxermotors bis zum Erscheinen des R259-Motors mit 4-Ventil-Zylinderköpfen.

R 65, R 80 und R 80 RT (Modelljahre 1985 bis 1995)

Stand die K 100 für eine radikale Abwendung vom altehrwürdigen BMW-Konzept – das ja auf die R 32 zurückging – stellten die R 80 und die neue R 65 (deren 650-cm³-Motor jetzt im großen Fahrwerk der R 80 eingebaut war) wieder eine Rückkehr zu diesen Wurzeln dar.

Weiterhin im Stil der /5-Modelle von 1969 gebaut, erschienen diese Boxermotoren Mitte der 1980er Jahre trotz ihrer Modernisierung wie Relikte aus einer vergangenen Zeit. Statt die Motorleistung durch immer komplexere und auch schwerere Technik weiter zu steigern, setzten die neuen Boxer auf traditionelle Werte. Einfachheit, Wendigkeit und Leichtigkeit hatten einen höheren Stellenwert als pure Größe und Leistung. Und wenn auch die

neue R 65 und R 80 den Modellen aus der Zeit vor 1984 sehr ähnlich sahen, hatten sie deutlich bessere Fahreigenschaften und leistungsfähigere Bremsen, erreichten aber nicht ganz die Fahrleistungen der früheren R 100-Modelle.

R 80 und R 80 RT wurden bis Ende des Modelljahres 1995 für den europäischen Markt produziert, die R 65 bereits 1993 eingestellt. Da in den USA noch ein Bestand unverkaufter R 65-Modelle von 1984 vorhanden war, wurden 1985 nur die neuen R 80-Modelle dort angeboten. Erst 1986 kam auch die neue R 65 in die USA und wurde bis Ende Modelljahr 1987 neben R 80 und R 80 RT angeboten. Der hohe US-Preis der beiden 800er-Modelle verhinderte einen größeren Verkaufserfolg – nur 1120 R 80 und 1452 R 80 RT wurden dort verkauft. 1987 kosteten eine R 80 $4800 und eine R 80 RT $6250, dafür bekam der Kunde einfach zu wenig Gegenwert. Kein Wunder, dass in diesem Jahr nur jeweils 3 Exemplare verkauft werden konnten.

Motor und Antrieb

Der 800-cm³-Motor entsprach im Wesentlichen dem R 80 ST-Triebwerk, war aber zur Reduzierung der mechanischen Geräusche weiter optimiert worden. Zwischen den Kühlrippen klemmten hitzebeständige Gummischeiben, um deren Schwingen zu dämpfen, und eine neue Kipphebellagerung senkte die Ventilgeräusche. Diese Maßnahmen betrafen auch die R 80 G/S und sind in Kapitel 8 beschrieben. Die grundlegenden Daten blieben unverändert. Die Ventile maßen im R 80-Motor 42 mm und 38 mm, im R 65-Motor 38 mm und 34 mm. Ab Juni 1987 wurde der Ventilsitzwinkel, bisher bei beiden Ventilen 45°, am Einlassventil auf 43° und am Auslassventil auf 30° verkleinert, um den Verschleiß beim Betrieb mit bleifreiem Kraftstoff zu verringern.

Das Zündsystem war weiter die TSZH von Bosch, mit der etwas anfälligen Bosch-Doppelfunkenspule. Für stabile Spannung im Bordnetz sorgten ein 280-Watt-Generator und eine 20-Ah-Batterie. Die Bing-Gleichdruckvergaser hießen bei der R 80 V64/32/353 bzw. 354 und bei der R 65 V64/32/359 bzw. 360. Diese 32-mm-Vergaser hatten nun gleich große Schwimmerkammern wie die 40-mm-Vergaser. Alle US-Modelle hatten das Sekundärluftsystem, das ab 1991 für die europäischen Modelle optional war. Die Ventildeckel der R 80 waren schwarz, die der R 65 blieben dagegen unlackiert.

Die neuen Boxermodelle erhielten eine attraktivere und wesentlich besser dämpfende Auspuffanlage. Vor den beiden Schalldämpfern lag ein zusätzlicher Vorschalldämpfer unter dem Getriebe, der nach BMW-Angaben das Auspuffgeräusch ohne Leistungseinbußen des Motors um drei Dezibel senkte. Neu an den Boxermodellen war das von der K-Baureihe übernommene Hinterradantriebsgehäuse. Es war steifer, aber trotzdem leichter und hatte eine verbesserte Lagerung mit Kegelrollenlagern. Die Übersetzungen des Hinterradantriebs waren bei der

Gegenüber der R 80/7 war die R 80 in vielen Punkten überarbeitet, im Vergleich zu den meisten Motorrädern von 1985 blieb sie jedoch verhältnismäßig teuer und untermotorisiert. Nach 1987 wurden die R 80-Modelle in den USA aus dem Programm genommen, in Europa waren sie jedoch fast ein Jahrzehnt länger erhältlich. Im Bild ist eine R 80 von 1995 zu sehen, und die Ähnlichkeit zur R 80/7 von 1978 ist nicht abzustreiten.

Neben der R 80 wurde 1985 auch eine R 80 RT angeboten. Abgesehen vom Monolever-Fahrwerk und der reichhaltigeren Ausstattung war sie der Vorgängermaschine von 1984 recht ähnlich. Die große Verkleidung brachte den 800-cm³-Motor mit seiner bescheidenen Leistung an seine Grenzen, was sich in entsprechenden Fahrleistungen niederschlug.
Bild: *Cycle World*

Zu den Änderungen an der neuen R 80 zählten die Räder und das Hinterradantriebsgehäuse der K-Baureihe. Das Federbein ist nun unmittelbar mit dem Antriebsgehäuse verschraubt anstatt mit der Schwinge (wie bei der R 80 G/S).

Nach 1984 waren alle Boxermodelle bis zum Erscheinen der neuen 4-Ventil- Baureihe mit einer Trommelbremse im Hinterrad ausgerüstet. Das Hinterrad war im Gegensatz zur R 80 G/S jetzt mit vier Schrauben anstelle von drei Muttern befestigt.

MOTORDATEN R 65, R 80 UND R 80 RT (MODELLJAHRE 1985 - 1995)

	BOHRUNG (MM)	HUB (MM)	HUBRAUM (CM³)	VERDICHTUNG	LEISTUNG (NACH DIN)
R 65	82	61,5	650	8,7 : 1	48 PS BEI 7250 MIN^{-1}
R 80/R 80 RT	84,8	70,6	798	8,2 : 1	50 PS BEI 6500 MIN^{-1}

R 80 3,20 (10/32), bei der R 80 RT und R 65 3,36 (11/37).

Ab März 1985 erhielt das Getriebe eine neue Antriebswelle mit neuem Antriebszahnrad, dessen geänderte Verzahnung (17,5° anstelle 15°) auch eine neue Zwischenwelle erforderte. Gleichzeitig waren Schalthebelbuchse und Schaltkurve überarbeitet worden, letztere wurde im September 1986 nochmals modifiziert. Ein neues Kupplungsausrücklager und eine neue Ausrückstange kamen im Juni 1988.

Fahrwerk

Im Fahrwerk der modernisierten Boxermodelle fanden sich Komponenten der Boxer- und K-Baureihen. Von der R 80 ST stammten der Rahmen und die Monolever-Schwinge. Der Lenkkopfwinkel lag bei 28,85°, woraus in Verbindung mit entsprechendem Standrohrversatz in den Gabelbrücken ein Nachlauf von 116 mm resultierte. Ab Modelljahr 1988 änderte BMW den Lenkkopfwinkel auf 27,8° und den Nachlauf auf 120 mm.

Die Bremsen und die Aufhängungsteile spendierte die K-Baureihe. Die Teleskopgabel war ursprünglich für die K75 entwickelt worden. Sie hatte einen Standrohrdurchmesser von 38,5 mm und einen bemerkenswert geringen Federweg von 175 mm. Die über eine integrierte Brücke verbundenen Gleitrohre hatten mittig liegende Aufnahmen für die hohlgebohrte, 25 mm dicke Radachse. Die Bremssättel lagen in Fahrtrichtung vor den Gleitrohren, die 1985 in Aluminium belassen und ab Modelljahr 1986 schwarz lackiert waren. Ab September 1992 verbaute BMW Teleskopgabeln von Marzocchi. Die Seitenreflektoren blieben den US-Versionen vorbehalten.

Ein gasdruckunterstütztes Boge-Federbein mit 121 mm Federweg stützte die Hinterradschwinge mit seinem oberen Ende gegen ein Schmiedegussteil am Rahmen ab. Das untere Federbeinende war wie bei der K-Baureihe direkt mit dem Hinterradantriebsgehäuse anstelle der Schwinge verschraubt. Die stärker geneigte Einbaulage ergab gegenüber der R 80 G/S bzw. ST ein anderes Übersetzungsverhältnis.

Wie bei BMW damals üblich, war am hinteren Federbein nur die Federvorspannung verstellbar.

Die Leichtmetallgussräder waren vorn und hinten gleich groß (MT H 2,50 x 18) und stammten ebenfalls von der K-Baureihe. Sie glichen den Rädern der R 65LS, waren aber für die Montage schlauchloser Reifen geeignet. Das Y- und H-förmige Design

Das 18-Zoll-Vorderrad und der angepasste vordere Kotflügel ließen die Boxermodelle nach 1984 etwas moderner aussehen. Die Faltenbälge waren nicht serienmäßig vorhanden, sind aber eine sinnvolle Ergänzung der Marzocchi-Gabel dieses späten Exemplars. Ohne Zweifel waren diese Maschinen weiterhin attraktive Fahrzeuge im Stil früherer Modelle.

Nach 1984 waren die R 80-Modelle mit einer Einscheiben- oder Doppelscheibenbremse ausgestattet. An späten Exemplaren kamen diese Brembo-Bremssättel zum Einsatz, die ein neues Logo aufwiesen. Am rechten Bremssattel zweigte eine Metallleitung für die Bremsflüssigkeitszufuhr zum linken Bremssattel ab.

der Speichen verlieh den Rädern eine definierte Elastizität, ohne die Stabilität zu beeinträchtigen. In der Hinterradnabe befand sich eine 200 mm große Trommelbremse, und das Rad war mit vier Befestigungsschrauben (statt drei Muttern wie bei der R 80 ST bzw. G/S) am Hinterradantrieb befestigt. Ab September 1989 wurden unter anderem die Bremsbeläge von 25 mm auf 27,5 mm verbreitert und die Befestigungspunkte der Bremsbacken geändert.

Ein relativ schmaler 90/90 - H18 Vorderradreifen (meist ein Metzeler Perfect ME11) ermöglichte ein spielerisches Handling, ohne die Bremsverzögerung nachteilig zu beeinflussen. Allerdings war die Hochgeschwindigkeitsstabilität der neuen R 65 und R 80 nicht ganz so souverän wie bei den Vorgängermodellen mit 19-Zoll-Vorderrad. Hinten war ein Reifen in der gängigen Dimension 120/90 - H18 aufgezogen, in der Regel ein Metzeler ME99.

Für bessere Verzögerungen sorgten größere Bremsscheiben (285 x 5 mm), die nun statt runder Bohrungen breite Schlitze aufwiesen. Für die Anpresskraft der Bremsbeläge sorgten ein Hauptbremszylinder mit 14 mm Durchmesser und Bremssättel mit 36-mm-Kolben. 1985 hatten alle US-Boxermodelle eine Doppelscheibenbremse, 1986 und 1987 löste jedoch auch bei den R 80-Modellen eine Einscheibenbremse diese ab.

Diese Einscheibenmodelle hatten ab Juli 1988 eine Brembo-Bremszange mit 38-mm-Kolben und der starren Bremsscheibe der R 100 GS, letztere wurde ab Modelljahr 1991 durch eine gelochte semi-schwimmende Scheibe ersetzt. Die Bremsschei-

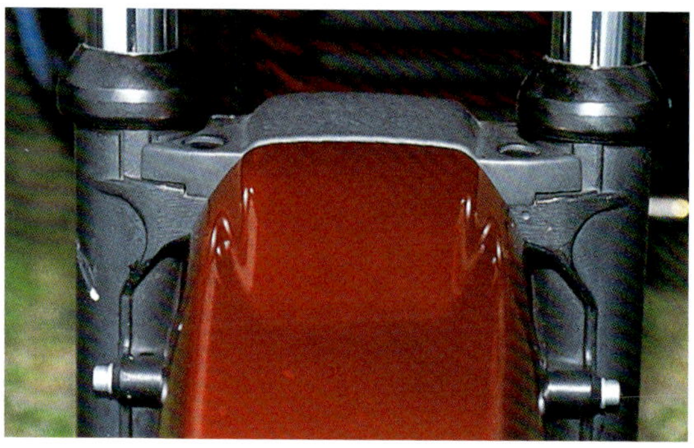

Zusätzliche Verdrehsteifigkeit gewährleistete die integrierte Gleitrohrverbindung an der von der K75 übernommenen Teleskopgabel; hier an einer Marzocchi-Gabel von einer 1992 R 100 RT.

Die letzten R 80-Modelle erhielten MotoMeter-Instrumente mit kleinerem Durchmesser. Für das Zündschloss hatte BMW nun einen passenderen Platz ausgewählt.

Zahlreiche Kundennachfragen veranlassten BMW, 1986 zunächst eine limitierte Serie der R 100 RS wieder aufzulegen. Im folgenden Jahr gehörte sie wieder fest zum Modellprogramm. Gegenüber dem 1984er Modell waren etliche Punkte verbessert, die ungewöhnliche „Kriegsbemalung" der von 1986 bis 1989 gebauten Modelle verschreckte jedoch manchen traditionsbewussten BMW-Fahrer. Dieses Exemplar von 1986 ist mit dem geschlossenen unteren Verkleidungsmittelteil des 1984er Modells ausgerüstet. Bild: BMW

MASSE, GEWICHTE UND FAHRLEISTUNGEN DER R 65, R 80 UND R 80 RT (1981 - 1984)

MODELL	R 65	R 80	R 80 RT
BREITE	746 MM	746 MM	960 MM
SITZHÖHE	808 MM	820 MM	808 MM
LÄNGE	2174 MM	2174 MM	2174 MM
HÖHE	1107 MM	1107 MM	1478 MM
RADSTAND	1448 MM	1448 MM	1448 MM
GEWICHT TROCKEN	183 KG	190 KG	207 KG
GEWICHT VOLLGETANKT (DIN)	205 KG	210 KG	227 KG
HÖCHSTGESCHWINDIGKEIT	173 KM/H	178 KM/H	170 KM/H

ben der Doppelscheibenmodelle hatten weiterhin die länglichen Öffnungen.

Der aus Stahl gefertigte Kraftstofftank sah aus wie der Tank der R 100, fasste aber nur noch 22 Liter, denn einige bisher im Lampengehäuse untergebrachte elektrische Komponenten waren nun neben dem Rahmenzentralrohr angebracht und erforderten Änderungen im Tankboden. Der Tankdeckel entsprach besonderen Umweltschutzanforderungen und war etwas umständlich zu bedienen. Gegenüber dem Vorgängermodell war die Sitzbank etwas schmaler. Der Kotflügel war kürzer und eckiger, und neu gestaltete Batterieabdeckungen erleichterten den Zugang zur Batterie. Zum klassischen Erscheinungsbild trugen zwei kleinere MotoMeter-Instrumente und die – je nach Ausführung – ein oder zwei runden Hupen von Bosch bei. In der R 80 RT-Verkleidung saßen jetzt serienmäßig ein Voltmeter und eine Uhr. Das Zündschloss an R 65 und R 80 hatte einen neuen Platz in der Prallplatte des Lenkers. Neu waren auch die Lenkerschalter, unter denen in der US-Ausführung kein Lichtschalter war. Zur Serienausstattung zählten eine 12-Volt-Steckdose und natürlich das qualitativ hochwertige 21-teilige Bordwerkzeug. Schließlich erfuhr auch der Seitenständer eine Überarbeitung. Wie gewohnt, gab es zahlreiche Wunschausstattungen von Gepäckkoffern und einem Tankrucksack über eine Warnblinkanlage bis hin zu einer 30-Ah-Batterie.

R 100, R 100 RS und R 100 RT, Modelljahre 1987 bis 1995

Trotz hoher Nachfrage nach der R 65, R 80 und besonders der R 80 RT in Europa (nicht in den USA) wurden die Rufe nach neuen 1000-cm³-Boxern immer lauter. Im Spätjahr 1986 legte BMW für das Modelljahr 1987 eine auf 1000 Exemplare begrenzte Serie der R 100 RS auf. Die Reaktion war so überwältigend, dass die R 100 RS ab 1988 wieder als reguläres Modell im Angebot erschien, sogar mit einer neuen R 100 RT an der Seite. Beide Modelle kamen 1988 auch auf den US-Markt, fanden dort aber nicht den Anklang ihrer Vorgänger mit Zweiarmschwinge. Von 1988 bis 1990 fanden nur 599 R 100 RS- und 980 R 100 RT-Modelle amerikanische Käufer. Die R 100 RS verschwand 1992 vom US-Markt, die R 100 RT blieb dort bis Ende 1995 als ausgesprochenes Nischenmodell im Programm. Beide kosteten 1988 in den USA stattliche \$7750, waren damit aber noch deutlich günstiger als K 100 RS und K 100 RT. 1991 kehrte die R 100 exklusiv nur für den US-Markt zurück. Dabei handelte es sich im Prinzip um eine R 80 mit dem Motor der R 100RS/RT, die nur ein Jahr gebaut und 1992 von der R 100 R abgelöst wurde. Mit nur 157 gebauten Einheiten zählt sie zu den seltensten modernen BMW-Motorrädern.

Motor und Antrieb

Die Begeisterung über die neuen 1000-cm³-Motoren bremste, dass sie von den R 80-Motoren abgeleitet waren und nur 60 PS leisteten statt 70 PS, wie die alten R 100 RS-/RT-Motoren. Die Zeiten einer R 90 S und ihrer damals sensationellen Leistung waren lange vorüber. Der Fokus der neuen 1000-cm³-Motoren lag auf einem möglichst breiten nutzbaren Drehzahlband für eine entspannte Fahrweise. Weitere Vorgaben betrafen allerdings die 1988 in Kraft tretenden schärferen europäischen Abgasnormen, und uneingeschränkt bleifreien Kraftstoff fahren zu können.

Im Zylinderkopf steckten die kleineren 42 mm großen Einlassventile der R 80, während die Auspuffkrümmer den 40-mm-Querschnitt des 1984er Motors aufwiesen. Das Gemisch bereiteten zwei Bing-Vergaser des Typs V64/32/363 bzw. 364. Nennleistung und maximales Drehmoment waren zwar geringer als früher, dafür standen 75 Nm schon bei 3500 min^{-1} zur Verfügung.

Unterhalb üblicher Geschwindigkeitsbegrenzungen waren die Fahrleistungen vergleichbar mit den früheren Modellen, die Höchstgeschwindigkeit hingegen war deutlich niedriger. An der R 100 RS wie an der R 100 RT sorgte ein Ölkühler für gesunde

MOTORDATEN R 100 RS UND R 100 RT (MODELLJAHRE 1987 - 1996)

BOHRUNG (MM)	HUB (MM)	HUBRAUM (CM^3)	VERDICHTUNG	LEISTUNG (NACH DIN)
94	70,6	980	8,45:1	60 PS BEI 6500 MIN^{-1}

Öltemperaturen. Von den genannten Änderungen abgesehen, entsprach der neue 1000-cm^3-Motor dem R 80-Triebwerk. Die 280-Watt-Lichtmaschine war identisch, die Batterie von Mareg speicherte aber sogar 30 Ah. Der neue elektrische Anlasser der R 100 GS (siehe nächsten Abschnitt) war allerdings nicht eingebaut. Beide Modelle erhielten den mit 3,00 (11/33) übersetzten Hinterradantrieb der R 80.

Fahrwerk

Die RS-Verkleidung war identisch mit der des 1984er Modells, nur die Rückspiegel waren etwas größer, und das untere Mittelteil der Verkleidung hatte die grillförmigen Öffnungen der ersten RS-Modelle. Die R 100 RT übernahm unverändert die Verkleidung der R 80 RT. Neu war das Farbangebot, wobei die meisten RS-Modelle im Modelljahr 1988 in weiß mit billig anmutenden blauen Aufklebern ausgeliefert wurden. Die RS war auch in rot bestellbar, dann waren Aufkleber und untere Verkleidung schwarz. Für die R 100 RT gab es im Modelljahr 1988 Bermuda-Blau, auch für die USA. Keines der beiden Modelle hatte noch einen hydraulischen Lenkungsdämpfer, aber die Prallplatte der RS war unverändert und sah ohne das Handrad des Dämpfers, mit einem BMW-Emblem an dessen Stelle, etwas seltsam aus.

Unter der RS- bzw. RT-Verkleidung steckte der gleiche Rahmen samt Monolever-Schwinge wie bei den aktuellen R 65 und R 80. Zum Modelljahr 1988 änderte BMW die Lenkgeometrie mit einem Lenkkopfwinkel von 27,8° und einem Nachlauf von 120 mm. Die Teleskopgabel mit 38,5 mm dicken Standrohren stammte wie bei der R 80 von der K-Baureihe. Die Hinterradschwinge stützte ein etwas unterdämpftes Federbein von Boge ab.

Doppelscheibenbremsen vorn waren serienmäßig, im Hinterrad befand sich keine Scheibenbremse mehr wie vor 1985, sondern die Trommelbremse der R 80. Das sollte offenbar eine Kosteneinsparung sein, aber angesichts des recht hohen Verkaufspreises erwartete der Kunde eigentlich eine Scheibenbremse. Auch die Räder stammten von der R 80, waren bei der R 100 RS aber schwarz lackiert mit polierten Stegkanten der Speichen. Die Reifengrößen waren dieselben der R 80, werkseitig waren entweder die relativ rutschigen Michelin A48/M48 oder die besser haftenden Continental TKV11/12 aufgezogen. Im Gegensatz zur R 80 erhielten die R 100 RS und R 100 RT statt gewöhnlicher Hupen zwei Signalhörner von Fiamm. Im Zubehörprogramm waren zwei unterschiedliche Gepäckkoffervarianten erhältlich, die R-Ausführung und die etwas kantigere K-Version.

Durch die Doppelscheibenbremse mit den länglichen Öffnungen in den Scheiben sowie der mittigen Vorderachsaufnahme ähnelte der Vorderradbereich der R 100 RS sehr dem der K75S.

Das Fahrverhalten der wieder aufgelegten R 100 RS war gegenüber den vorherigen Modellen spürbar verbessert, allerdings fielen etliche bisher vorhandene Details dem Rotstift zum Opfer. So waren z. B. am Sitzbankende keine Modellbezeichnungen mehr vorhanden.

Wie schon bei den R 100 RS-Modellen von 1979 -1984 gehörte nach 1987 ein Ölkühler ebenfalls zur Serienausstattung. Das untere Verkleidungsmittelteil war in dieser Form bereits bei den ersten RS-Modellen vorhanden und erlaubte durch die großen Belüftungsöffnungen eine bessere Kühlluftzufuhr zum vorderen Motorbereich und den elektrischen Komponenten.

Die Instrumentenanordnung im Cockpit war bereits bekannt; neu waren die Lenkerschalter, außerdem fehlte der Lenkungsdämpfer.

MASSE, GEWICHTE UND FAHRLEISTUNGEN DER R 100 RS UND R 100 RT (1986 - 1996)

MODELL	R 100 RS	R 100 RT
BREITE	800 MM	960 MM
SITZHÖHE	808 MM	808 MM
LÄNGE	2174 MM	2174 MM
HÖHE	1379 MM	1478 MM
RADSTAND	1448 MM	1448 MM
GEWICHT TROCKEN	209 KG	214 KG
GEWICHT VOLLGETANKT (DIN)	229 KG	234 KG
HÖCHSTGESCHWINDIGKEIT	186 KM/H	174 KM/H

Zuletzt erschien 1992 das R 100 RS-Sondermodell „Rennsport 30“. Es hatte serienmäßig die Gepäckkoffer der K-Baureihe und verchromte Zylinderschutzbügel. Die Doppelzündung an diesem Exemplar ist nicht serienmäßig, verbessert aber deutlich die Leistungsentfaltung des Motors.

Jedes Modell der Sonderserie „Rennsport 30“ wurde durch ein individuell nummeriertes Emblem im Cockpit ausgewiesen.

Im Modelljahr 1989 gab es keine Änderungen; 1990 waren die Farben und Aufkleber etwas gedeckter (silberfarben). Vom Modell des Jahres 1990 entstanden 337 Exemplare, 1991 waren es 393, von denen keines in die USA ging. Mit einer letzten Auflage von 954 Maschinen endete 1992 die Produktion. Sie wurden als 1993er Modelle angeboten, 151 davon in den USA. Die Teleskopgabel war nun von Marzocchi. Die angebotenen Farben waren Schwarz-metallic und Piniengrün-metallic, bis auf eine auf 30 Motorräder limitierte Sonderserie „Rennsport 30“, die in traditionellem Blau und Silber gehalten und auf Emblemen durchnummeriert war. Die Räder waren nicht mehr schwarz lackiert. Während die R 100 RS wegen der kommenden R 1100 RS mit neuem Motor eingestellt wurde, blieb die R 100 RT noch einige Jahre mit wenigen Änderungen im Modellprogramm, etwa ab Modelljahr 1994 mit einer Griffheizung für die US-Modelle, einer besonderen Tourensitzbank und einem Topcase mit 22 Litern Stauraum. In einigen Ländern wurde die R 100 RT als R 100 LT vermarktet. Die letzte Version der RT-Baureihe war die „Classic“, angeboten von 1995 bis 1996.

Der kürzere Radstand, das geringere Gewicht und der verwindungssteifere Rahmen machten die nach 1986 produzierten R 100 RS deutlich agiler und handlicher als die früheren Versionen. Die geringere Leistung indes warb nicht viele Kunden außer traditionsbewussten BMW-Fahrern. Obwohl hohe Nachfrage die Wiedereinführung motiviert hatte, gingen die Produktionszahlen zusehends zurück. Nur 6081 R 100 RS mit Monolever-Fahrwerk entstanden, davon gingen 750 in die USA. Besser verkaufte sich die R 100 RT – von ihr wurden 9738 gebaut, die Nachfrage war bis zur Produktionseinstellung 1996 kontinuierlich.

R 80 GS und R 100 GS, Modelljahre 1987 bis 1990

Die wieder aufgelegte R 100 RS scheiterte damit, an die Erfolge ihres klassischen Vorgängers anzuknüpfen, aber die verjüngten R 80 GS und R 100 GS konnten nicht nur die Tradition der R 80 G/S fortführen, sondern das zugrundeliegende Gelände-

Straße-Konzept noch erheblich ausbauen. BMW entfernte den Schrägstrich zwischen dem G und dem S in der Modellbezeichnung, um die Ausrichtung auf Geländetauglichkeit zu betonen, und aktualisierte das Monolever-Fahrwerk mit einer neuen Schwingenkonstruktion, die zwei Gelenke hatte und als „Paralever" bezeichnet wurde.

Das neue Modell war wesentlich größer als die alte G/S. Zwei Varianten wurden gebaut, die R 80 GS und die R 100 GS, und nur die 1000-cm³-Version wurde in die USA exportiert. Die neue GS war ein Hit und in den ersten beiden Jahren das meistverkaufte Motorrad in Deutschland.

Motor und Antrieb

Der Motor der R 100 GS entsprach weitgehend dem R 100 RS- bzw. R 100 RT-Motor. Die Ventile waren 42 mm und 40 mm groß, der Ventilschaftdurchmesser mit 7,95 mm geringfügig kleiner. Auch der R 80 GS-Motor war im Prinzip ein R 80-Triebwerk mit 40 (statt 38 mm) mm großen Auslassventilen und geänderten Ventilsitzwinkeln. Auch die Ventilführungen waren mit 46,5 mm etwas kürzer.

Die Ölpumpenförderleistung war leicht von 1400 l/h auf 1320 l/h bei 6000 min^{-1} reduziert. Die GS erhielt eine flachere, mit einem größeren Steinschlagschutz versehene Ölwanne (Ölfüllmenge 2,25 Liter). Nur bei den R 100 GS-Modellen thronte oben auf dem rechten Zylinderschutzbügel ein fünfreihiger Ölkühler. Schutzbügel und Ventildeckel waren schwarz lackiert.

Die europäischen R 100 GS-Modelle hatten 40 mm große Bing-Vergaser, die US-Ausführung der R 100 GS und alle R 80 GS-Modelle 32 mm große Vergaser. Dadurch leisteten die US-Modelle auch nur 58 PS statt 60 PS. Ab Modelljahr 1989 erhielten die Vergaser (wieder einmal) geänderte Düsennadeln.

Die verchromte Auspuffanlage unterschied sich in einigen Punkten von der R 80 G/S-Ausführung – die Auspuffkrümmer hatten 36,05 mm Durchmesser, das hintere Rohr maß 38,05 mm, und das Volumen des Vorschalldämpfers war auf 3,8 Liter vergrößert. Die Übersetzung des Hinterradantriebs war bei der R 100 GS 3,09 (11/34) und bei der R 80 GS 3,20 (10/32).

Elektrische Anlage und Zündsystem

Kleine Änderungen gab es bei der Bordelektrik. Die Komponenten unter dem Benzintank waren neu angeordnet. Ein kleinerer Valeo-Anlasser (Valeo D6 RA) mit einem Wehrle-Anlasserrelais war eingebaut, der 1,1 kW (1,47 PS) leistete und (wie bei den K-Modellen) ein integriertes Planetengetriebe mit einer Übersetzung von 5,5 hatte. Das sparte 2 kg Gewicht ein. Die Zündanlage der Modelle mit optionalem Kickstarter hatte gegenüber der Standardversion längere Einschaltzeiten des Ruhestroms, um das Ankicken zu erleichtern. Statt der 30-Ah-Batterie der R 100 RS/RT war eine leichtere 25-Ah-Ausführung eingebaut.

Während die R 100 RS-Nachfrage schon nach wenigen Produktionsjahren einbrach, blieb das Kundeninteresse an der R 100 RT relativ konstant. Das hier abgebildete Exemplar von 1992 sieht dem Vorgängermodell von 1979 sehr ähnlich. Ein Ölkühler gehörte nun zur Serienausstattung.

Das letzte R 100 RT-Modell nannte sich „Classic" und wurde 1995 und 1996 angeboten. Zur Ausstattung gehörten eine bequeme Tourensitzbank, farblich passende Gepäckkoffer sowie ein Topcase. Gegen Ende ihrer Bauzeit waren alle Boxermodelle mit einem Sekundärluftsystem ausgerüstet.

VERGASER R 80 GS, R 100 GS, R 100 PD UND R 100 R
MODELL R 80 GS

	(R 100 GS/PD/R USA)	R 100 GS/PD/R
LINKER VERGASER	BING V64II 64/32/349 (351)	BING V64II 94/40/123
RECHTER VERGASER	BING V64II 64/32/350 (352)	BING V64II 94/40/124
HAUPTDÜSE	135 (132)	150
NADELDÜSE	2.68 (2.66)	2.66
DÜSENNADEL	46-251	46-371
NADELPOSITION	3	3
LEERLAUFDÜSE	45	45

MOTORDATEN R 80 GS, R 100 GS UND R 100 R (MODELLJAHRE 1987 - 1996)

	BOHRUNG (MM)	HUB (MM)	HUBRAUM (CM^3)	VERDICHTUNG	LEISTUNG (NACH DIN)
R 80 GS	84,8	70,6	798	8,2:1	50 PS BEI 6500 MIN^{-1}
R 100 GS	94	70,6	980	8,5:1	60 PS BEI 6500 MIN^{-1}

Der Ölkühler der R 100 GS war oben auf dem rechten Zylinderschutzbügel montiert und saß daher direkt im kühlenden Fahrtwind.

Neu an der R 80 GS und R 100 GS war der Paralever, eine Schwingenkonstruktion, mit der die unliebsamen Auswirkungen des Kardanwellenantriebsmoments auf die Hinterradaufhängung deutlich vermindert wurden.

Fahrwerk

Die meiste Entwicklungsarbeit steckte im Fahrwerk, denn die GS war das erste BMW-Motorrad mit der später allgegenwärtigen Paralever-Schwinge.

Den Rahmen der neuen GS verstärkte ein zusätzliches ovales Rohr innen im Rahmenzentralrohr. Der Lenkkopfwinkel lag bei 28°, der Nachlauf bei 101 mm. Auch das Rahmenheck war versteift und am hinteren Ende bereits als Gepäckträger ausgeführt. Der überarbeitete Hauptständer lief geschwungener aus und erleichterte so das Aufbocken. Wie zuvor war der (bei der R 100 GS serienmäßige, R 80 GS-Kunden mussten Aufpreis bezahlen) Seitenständer am linken Zylinderschutzbügel befestigt. Aber die wirkliche Neuheit am Fahrwerk war die zweite Einarmschwingen-Generation, der Paralever.

Der Schwingenarm aus Leichtmetalldruckguss (Länge 450 mm) hatte neben dem üblichen, in Kegelrollenlagern geführten Drehgelenk am Getriebeausgang ein weiteres nadelgelagertes Gelenk, das die Verbindung zum Hinterradantriebsgehäuse herstellte. Zusätzlich stützte sich das Gehäuse über eine Aluminiumstrebe am Rahmen ab.

Der Schwingenarm, die Strebe, das Hinterradantriebsgehäuse und der Rahmen bildeten ein Parallelogramm – daher der Name Paralever. Damit konnten die unerwünschten Drehmomentreaktionen des Wellenantriebs auf die Hinterradaufhängung stark reduziert werden, weil die Strebe das „Aufklettern" des Antriebskegelrads auf dem Tellerrad weitgehend unterdrückte. Das Parallelogramm wirkte wie eine 1400 mm lange Schwinge. Die geringen, zusätzlich zum Einfedern entstehenden Neigungsbewegungen des Hinterradantriebsgehäuses wurden über das relativ schräg liegende Federbein abgefangen, das direkt mit dem Gehäuse verschraubt war. Natürlich hatte auch die Kardanwelle für die erforderlichen Bewegungen ein zweites Kreuzgelenk erhalten. Das Gewicht erhöhte sich durch diese Konstruktion um nur 1,6 kg.

Der Paralever ermöglichte einen größeren Federweg (180 mm) und einen effektiveren Einsatz des Boge-Gasdruckfederbeins. Im Modelljahr 1989 führte BMW ein etwas weicher abgestimmtes Federbein ein, die ursprüngliche Version blieb aber optional bestellbar. Im Zubehörprogramm von 1990 wurde ein Fahrwerkskit von White Power angeboten, der neue Gabelfedern und ein neues Federbein beinhaltete.

Bei allen Vorteilen war der Paralever noch nicht ganz perfekt, wie gelegentlich auftretende Schäden der Lagerung zeigten. Das Vorderrad wurde von einer neuen Teleskopgabel von Marzocchi mit 40-mm-Standrohrdurchmesser geführt. Teflonbeschichtete Gleitbuchsen zur Reibungsverminderung sorgten für ein gutes Ansprechverhalten; eine hohe Verwindungssteifigkeit gewährleisteten verstärkte Gabelbrücken, ein Stabilisator an den oberen Gleitrohrenden und die hohlgebohrte Radachse mit 25 mm Durchmesser und doppelter Klemmung. Die Gabelfedern waren 445 mm lang und längere

Standrohre erhöhten den Federweg auf 225 mm und die Ölfüllmenge auf 470 cm³. Größere Querschnitte im (weiterhin nicht einstellbaren) Dämpfersystem verfeinerten die Dämpfungscharakteristik. Serienmäßig schützten Faltenbälge die Standrohre und Gabeldichtringe vor äußeren Einwirkungen.

Die Gleitrohre mit seitlichen Reflektoren waren gelb lackiert, wenn die GS in Avus-schwarz bestellt wurde, und schwarz bei den Lackfarben Alpin-weiß und Marrakesch-rot. Bei der schwarzen GS hatte das hintere Federbein auch eine gelbe Feder.

Die GS-Modelle erhielten neuartige Drahtspeichenräder, deren Aufbau erstmals die Verwendung schlauchloser Reifen ermöglichte. Der Speichennippel befand sich in der Radnabe und die ungekröpften Speichen führten jeweils überkreuz von einer Nabenseite zur gegenüberliegenden äußersten Kante der Felge – daher die Bezeichnung Kreuzspeichenräder. Diese Anordnung sollte die Torsionssteifigkeit des Rades erhöhen. Wie schon bei der R 80 erfolgte die Hinterradbefestigung mit vier Radschrauben. Die Größe der Aluminiumfelgen war vorn 1,85 x 21 MTH2 und hinten 2,50 x 18 MTH2. Darauf waren neue Metzeler Sahara-Reifen aufgezogen (90/90S21 bzw. 130/80S17). Für die Verzögerung des Vorderrads sorgte eine Einscheibenbremse von Brembo. Die ungelochte Bremsscheibe maß 285 x 6 mm, die Bremszangenkolben 38 mm, und den Hydraulikdruck erzeugte ein 13 mm großer Hauptbremszylinder. Die hintere Trommelbremse hatte einen Durchmesser von 200 mm und war seilzug- statt gestängebetätigt.

Komplett neu waren die Verkleidungs- bzw. Anbauteile der GS. Der 26 Liter große Benzintank war ca. 25 mm kürzer als bei der R 80 G/S. Größer war das BMW-Emblem (81 mm), und aufgrund der geänderten Tankform gab es auch wieder zwei Benzinhähne. Von ersten frühen Exemplaren abgesehen, hatte der Tankdeckel eine Belüftung ohne Schlauchanschluss. Da die GS nun als Reisemotorrad für den Asphalt und unbefestigte Straßen beworben wurde, hatte BMW ab 1989 eine hochgelegte und eine radnahe Befestigungsmöglichkeit für den Vorderradkotflügel vorgesehen.

Die spärliche Instrumentenausstattung entsprach der vorigen G/S-Ausführung und war ebenfalls gummigelagert an den Gabelbrücken befestigt; rechts neben dem Tachometer befanden sich wieder einige Kontrollleuchten. Der Scheinwerfer hatte einen Durchmesser von 140 mm. Ein Windabweiser gewährte bei der R 100 GS serienmäßig etwas Wetterschutz, bei der R 80 GS musste er extra bezahlt werden. Der schwarz verchromte Lenker war 830 mm breit, und die an ihm befestigten Armaturen stammten von den R-Modellen aus der Zeit vor 1985. Fußrasten und Hebel entsprachen im Stil der R 80 G/S, für das Modelljahr 1990 wurde der Fußbremshebel überarbeitet. Fahrer, denen die Sitzhöhe der R 100 GS zu niedrig war, konnten sie durch eine andere Sitzbank auf 880 mm anheben.

Das Kreuzspeichenrad sollte laut BMW nicht nur stabiler sein, sondern ermöglichte auch die Verwendung von schlauchlosen Reifen. Der Speichennippel war in die Nabe eingelassen. Wie schon bei der R 80 war auch hier das Hinterrad mit vier Schrauben befestigt.

Der größere Federweg der 40-mm-Marzocchi-Gabel war gegenüber der R 80 GS eine deutliche Verbesserung, allerdings konnte auch an dieser Gabel nichts verstellt werden. Bis 1990 blieb die vordere Bremsscheibe ungelocht.

R 100 GS Paris-Dakar, Modelljahr 1990

1989 erschien ein Paris-Dakar-Umbausatz für die R 80 GS und R 100 GS, und im Modellprogramm 1990 bot BMW neben den regulären GS-Modellen eine R 100 GS Paris-Dakar an. Sie war die teuerste und größte angebotene Enduro auf dem Markt. Trotz ihrer beeindruckenden Dimensionen war die Paris-Dakar besonders in Europa ein äußerst erfolgreiches Nischenmodell, denn es gab nichts Vergleichbares, und ihre Maße kamen groß gewachsenen Fahrern entgegen.

Dem Konzept der früheren R 80 G/S Paris-Dakar folgend war auch die R 100 GS Paris-Dakar eine optisch herausgeputzte R 100 GS. Die Farbgebung des mächtigen 35-Liter-Tanks aus Kunststoff erinnerte an die Wettbewerbsmaschinen. Darin eingelassen war ein 5 Liter großes abschließbares Staufach. Keinen Platz fand der für Kalifornien erforderliche Aktivkohlebehälter für die Tankbelüftung, deshalb wurde das Modell dort nicht angeboten – aber der Paris-Dakar-Umbausatz konnte separat gekauft werden …

Die 1990 erschienene R 100 GS Paris-Dakar unterschied sich erheblich von anderen Motorrädern. Besonders auffallend waren die rahmenfeste Verkleidung mit dem außenliegenden Träger und Lampenschutzgitter sowie der große Motorschutz aus Aluminium. Die Paris-Dakar war eine mächtige Erscheinung, aber trotzdem hervorragend geeignet, um damit auf große Tour abseits befahrener Straßen zu gehen. Die eckigen Koffer stammen aus dem BMW-Zubehörprogramm.

Zur Instrumentierung der Paris-Dakar gehörten auch ein kleiner Drehzahlmesser und eine Uhr. Der Fahrer saß hoch oben auf dem Motorrad, aber der breite Lenker vermittelte auch auf schlechter Fahrbahn ein sicheres Fahrgefühl.

Obwohl der aus Kunststoff bestehende Benzintank der Paris-Dakar über 35 Liter fasste, war noch Platz für das abgebildete abschließbare Staufach. Darin konnten problemlos Landkarten und Dokumente untergebracht werden, was die Tauglichkeit als Reise-Enduro weiter erhöhte.

An den Tank schloss sich eine rahmenfeste Verkleidung aus glasfaserverstärktem Kunststoff mit getönter Scheibe an. Der Verkleidungshalter verlief außen um die Verkleidung und diente auch als Schutzbügel. In die Verkleidung integriert war ein durch ein Drahtgitter geschützter, rechteckiger K75S-Scheinwerfer. Die nun umfangreichere Instrumentierung beinhaltete einen kleinen Drehzahlmesser und eine Quarzuhr in gleichem Design.

Zu den weiteren Besonderheiten der Paris-Dakar gehörte ein größerer, über Gummielemente an der Ölwanne befestigter Motorschutz aus Aluminium, der auch den Rahmen und die Auspuffkrümmer abdeckte. Eine zusätzliche Motorverkleidung war an den Zylinderschutzbügeln angebracht, und der vordere Serienkotflügel konnte durch angeschraubte Aluminiumelemente verstärkt werden. Eine Einzelsitzbank mit zusätzlichem Gepäckträger war serienmäßig, wahlweise war eine Doppelsitzbank erhältlich. Die Einzelsitzbank ließ sich wesentlich einfacher abnehmen als die der früheren Paris-Dakar-Version. Wer wollte, konnte den Tank lediglich grundiert bestellen und dann nach eigenen Vorstellungen lackieren. Die US-Modelle waren bereits mit einem Kofferträger aus rundem Stahlrohr ausgerüstet, die Koffer mussten allerdings dazugekauft werden.

R 80 GS, R 100 GS und R 100 GS Paris-Dakar, Modelljahre 1991 bis 1996

Nach zehn Produktionsjahren und über 50000 verkauften Einheiten wurde die GS-Baureihe für das Modelljahr 1991 eingehend überarbeitet und stärker für den Straßeneinsatz ausgelegt. Der Motor blieb weitgehend identisch, erhielt aber eine größere Ölwanne (2,5 Liter) und einen Edelstahlschalldämpfer. Deutlich mehr Änderungen fanden am Fahrwerk statt. Alle GS-Modelle erhielten nun die rahmenfeste Verkleidung mit dem außenliegenden Träger der 1990er R 100 GS Paris-Dakar mit rechteckigem Scheinwerfer und einer einstellbaren Verkleidungsscheibe, die in einem Bereich von 75 mm nach vorn und hinten geneigt werden konnte. Die neu angeordneten Instrumente umfassten einen großen Tachometer und Drehzahlmesser. Von der K-Baureihe stammten die Lenkerschalter mit getrennten Schalttasten für die Blinker der jeweiligen Seite. Weil der Tachometer der GS weiterhin mechanisch angetrieben wurde, fehlte jedoch die automatische Blinkerabschaltung der K-Modelle.

Dezente Änderungen, die für das Modelljahr 1991 an der R 100 GS und Paris-Dakar vorgenommen wurden, richteten das Motorrad mehr auf den Straßeneinsatz und weniger auf Geländefahrten aus. Die Paris-Dakar von 1991 sah der Vorgängermaschine von 1990 sehr ähnlich, hatte aber jetzt einen tief angebrachten vorderen Kotflügel. Übernommen wurden die Handschützer aus Kunststoff.

Die Einstellung des Lenkkopflagers erleichterte die Verwendung des feineren K75-Gewindes am GS-Lenkschaft. Bilstein lieferte das hintere Federbein, das endlich einstellbar war und in der Zugstufe zehn verschiedene Dämpfungseinstellungen erlaubte. Die überarbeitete Vorderradbremse hatte eine dünnere (285 x 5 mm), semi-schwimmend montierte Bremsscheibe, neue Bremsbeläge und einen Hauptbremszylinder mit 13 mm Durchmesser. Der etwas kleinere Benzintank fasste nun 24 Liter und hatte einen bündig eingelassenen abschließbaren Deckel. Weil der Straßeneinsatz im Vordergrund stand, war der vordere Kotflügel jetzt direkt über dem Rad angebracht.

Ein neuer Schaumstoff machte die Sitzbank etwas härter.

Wegen der bevorstehenden Einführung der neuen R 1100 GS änderte BMW bis zum Produktionsende 1996 an der R 80 GS und der R 100 GS nichts mehr – abgesehen von einigen recht schrillen Grafikelementen und Farben.

Allerdings legte man nochmals ein „Abschiedsmodell" der R 100 GS auf: die R 100 GS PD Classic, die 1994 und 1995 angeboten wurde. Sie war Avus-schwarz mit schwarzer Doppelsitzbank, der Verkleidungsträger und die Zylinderschutzbügel waren verchromt und die Lenkerhebel silberfarben. Heizgriffe waren serienmäßig. Der größere vordere Kotflügel war wieder an der unteren Gabelbrücke angebracht. Runde Ventildeckel aus R 68-Zeiten gaben dem Motor eine nostalgische Note, ein Zugeständnis an die Neuzeit war hingegen das serienmäßige Sekundärluftsystem.

Die R 80 GS wurde für 1996 in erster Linie für den deutschen Markt als R 80 GS Basic weitergebaut. Mit ihrem kleinen Kraftstofftank und der Lampenverkleidung erinnerte sie an die erste R 80 G/S,

Die Standard-R 100 GS erschien nun in auffälligen Farben und hatte viele Bauteile der Paris-Dakar erhalten, einschließlich der Verkleidung. Die Verkleidungsscheibe war einstellbar, der Kraftstofftank hatte ein geringeres Fassungsvermögen und einen versenkten abschließbaren Tankdeckel. Ein großer Drehzahlmesser ergänzte den ebenfalls vergrößerten Tachometer, und die Lenkerschalter stammten von der K-Baureihe. Ob diese Verbesserung jedem gefiel, sei dahingestellt, aber die R 100 GS war weiterhin ein äußerst beliebtes Motorrad. Bild: BMW

MASSE, GEWICHTE UND FAHRLEISTUNGEN DER R 80GS, R 100 GS UND R 100 GS PD (1987 - 1996)

MODELL	R 80 GS	R 100 GS	R 100 GS PD
BREITE	831 MM	831 MM	831 MM
SITZHÖHE	851 MM	851 MM	851 MM
LÄNGE	2291 MM	2291 MM	2291 MM
HÖHE	1166 MM	1166 MM	1166 MM
RADSTAND	1514 MM	1514 MM	1514 MM
GEWICHT TROCKEN	186 KG	196 KG	196 KG
GEWICHT TROCKEN AB 1991	191 KG	206 KG	206 KG
GEWICHT VOLLGETANKT (DIN)	210 KG	220 KG	220 KG
GEWICHT VOLLGETANKT (DIN) AB 1991	215 KG	235 KG	235 KG
HÖCHSTGESCHWINDIGKEIT	166 KM/H	179 KM/H	179 KM/H

Im Modelljahr 1991 erhielt die Vorderradbremse eine semi-schwimmende gelochte Bremsscheibe, der bisherige Brembo-Bremssattel mit zwei Kolben blieb unverändert.

Ab 1991 war die Instrumentenanordnung bei der R 100 GS und Paris-Dakar identisch, letztere hatte allerdings eine weiße Einfassung.

hatte dazu einen blauen Rahmen mit Paralever-Schwinge und runde Ventildeckel. Eine R 80 GS Basic verließ auch als das letzte Motorrad mit einem luftgekühlten, stößelstangengesteuerten Boxermotor am 19. Dezember 1996 das Fertigungsband in Berlin-Spandau.

Ihre herausragenden Fahreigenschaften auf der Straße und absolut brauchbare Geländetauglichkeit machten die GS nach 1984 zum beliebtesten Boxermodell mit dem klassischen luftgekühlten Motor und Urvater aller Reise-Enduros. Die Zahl von 45364 gebauten Einheiten spricht für sich. Sie ebnete auch den Weg für die ähnlich erfolgreichen Modelle R 1100 GS, R 1150 GS und R 1200 GS. Selbst nach dem Erscheinen der neuen größeren – aber auch schwereren – GS mit ihrem neuen öl-/luftgekühlten Motor bleibt die alte R 100 GS ein attraktives und universell einsetzbares Allzweckmotorrad.

R 80 R, R 100 R und Mystic, Modelljahre 1992 bis 1996

Während die Welt auf das Erscheinen des neuen R259-Motors wartete – was noch ein Jahr dauern sollte – entstand auf Basis der R 100 GS für das Modelljahr 1992 die R 100 R Roadster. Sie war als klassisch aussehendes, puristisch ausgestattetes Motorrad konzipiert und sollte die Boxerbaureihe weiter im Gespräch halten, und erwies sich als äußerst erfolgreich. Im ersten Produktionsjahr erreichte sie mit 8041 Einheiten als meistverkauftes BMW-Motorrad einen Anteil von 23 % an der Gesamtproduktion. Dieser Erfolg ließ die vielgepriesene vierventilige K-Baureihe nicht gerade gut aussehen. An den früheren Straßenboxern überlegenen Fahreigenschaften des R 100 R-Fahrwerks gab es keinen Zweifel, Styling und Umsetzung gaben jedoch Anlass zu Diskussionen. Billig wirkende Komponenten und eine allzu großzügige Bedienung aus dem BMW-Baukasten waren nicht jedermanns Geschmack und standen einer Karriere der R 100 R als weiterer BMW-Klassiker im Weg.

Motor und Antrieb

Ähnlich wie bereits die R 80 ST entstand die R 100 R auf Basis einer Enduro, in diesem Fall der R 100 GS. Der Motor war weitgehend der der GS, unterschiedlich waren die Auspuffanlage und die klassischen runden Ventildeckel, die auf die R 68 bzw. /6 zurückgingen. Geblieben waren die tiefere Ölwanne der 1991er GS und der Anlassermotor mit Zwischengetriebe. Die Gemischaufbereitung besorgten bei den europäischen Modellen 40-mm-Bing-Vergaser, bei den US-Modellen solche mit 32 mm Querschnitt. Die verchromten, 38 mm weiten Auspuffkrümmer mündeten in einen großen Vorschalldämpfer. Danach folgte ein in normaler Höhe angebrachter Edelstahlschalldämpfer der K 100. Der siebenreihige Ölkühler befand sich nicht wie bei der GS auf dem Zylinderschutzbügel, sondern vor dem Motor. Zum klassischen Aussehen trugen auch die Zündkerzenstecker mit Metallabschirmung bei, der Motor selbst sah aus wie sein Vorgänger von 1981.

Fahrwerk

Von der R 100 GS stammten auch der hier silberfarben lackierte Rahmen und die Paralever-Schwinge. Sie machte die R 100 R zum ersten Straßen-Boxer mit dieser Hinterradaufhängung, die diesem Motorrad bestechende Fahreigenschaften verlieh. Die Lenkgeometrie blieb unverändert, unterschiedliche Raddimensionen und Aufhängungsteile führten jedoch zu einem kürzeren Radstand. Völlig außergewöhnlich für ein BMW-Motorrad waren die Fahrwerkskomponenten des japanischen Herstellers Showa. Die nicht einstellbare Vorderradgabel hatte einen Standrohrdurchmesser von 41 mm und einen Federweg von 135 mm. Mit 420 cm^3 war die Ölfüllmenge etwas geringer als bei der Marzocchi-Gabel der GS. Das Showa-Federbein hatte einen Arbeitsweg von 140 mm, eine siebenfach verstellbare Federvorspannung und eine stufenlos einstellbare Zugstufendämpfung. Seine im Neuzustand einwandfreie Dämpfungswirkung ließ im Laufe der Zeit nach.

Zum klassischen „Retro"-Erscheinungsbild trugen die Kreuzspeichenräder mit Leichtmetallfelgen

Aus der R 100 GS entstand das Retro-Modell R 100 R, das 1992 das meistverkaufte BMW-Motorrad war. Die ersten Modelle hatten nur eine Einscheibenbremse am Vorderrad und einen silberfarbenen Rahmen. Von der K 1100 RS stammte der Vier-Kolben-Bremssattel von Brembo.

Zündkerzenstecker mit Metallabschirmung und klassisch abgerundete Ventildeckel ließen den R 100 R-Motor wie einen Motor aus vergangenen Zeiten wirken. Sogar die Benzinhähne entsprachen dem alten Stil. Das Bild zeigt eine Mystic, aber der Motor war identisch mit dem R 100 R-Motor.

von Akront bei. Die Felgengröße war vorn 2,50 x 18 MTH2, hinten 2,50 x 17 MTH2, die dazugehörigen Reifengrößen 110/80V18 (Metzeler ME33 Laser) sowie 140/80V17 (Metzeler ME55A Metronic). Das Vorderrad verzögerte eine Einscheibenbremse von Brembo mit einer schwimmenden und gelochten Bremsscheibe und einem Vier-Kolben-Bremssattel der K-Baureihe. Die seilzugbetätigte Trommelbremse stammte von der GS. Auch der 24-Liter-Tank war ein unverändertes GS-Bauteil und wirkte daher zu groß und zu hoch. Spezifische R 100 R-Komponenten waren die Lenkerabdeckung, der Beifahrerhaltegriff und der hintere Kotflügel.

Von der K75 stammte der runde, 180 mm große Scheinwerfer, der ein verchromtes Gehäuse erhalten hatte. Wieder von der GS übernommen waren die Instrumente, die in billig wirkenden Plastikgehäusen steckten. Die R 80 ST steuerte den 720 mm breiten verchromten Lenker bei, an dem die Lenkerarmaturen und -gewichte der K-Baureihe angebracht waren.

Fußbremshebel und Schalthebel waren identisch mit denen der GS, ebenso die nach hinten weisende Anordnung des Schaltgestänges. Die Farben für das Modelljahr 1992 waren klassisches Schwarz und Amethyst, in beiden Versionen mit einer zweifarbigen Sitzbank und einem silberfarbenen Gepäckträger. Wem diese Farben zu gedeckt waren, der konnte der R 100 R mit einem optionalen Chromteilesatz zu mehr Glanz verhelfen. Dieser umfasste Gabelstabilisator, Ventildeckel, Vergaserdome, Instrumentengehäuse, Blinkergehäuse, Tankdeckel, Spiegel und Auspuffmuttern.

Da sich das Konzept der R 100 R als leichtes, unkompliziertes Motorrad mit ausreichend Leistung bewährt hatte, erhielt sie für das Modelljahr 1993 nur kosmetische Änderungen. Zusätzlich erschien die gleich konzipierte R 80 R, wahlweise in einer 34-PS- und 50-PS-Version – und ohne Ölkühler.

Der R 100 R-Motor führte zwar die alte Tradition weiter, aber der Paralever war eine moderne Konstruktion und verlieh der R 100 R exzellente Fahreigenschaften. Die Betätigung der hinteren Trommelbremse erfolgte per Seilzug.

Im Modelljahr 1994 erhielt die R 100 R einen schwarz lackierten Rahmen, ein schwarzes Rahmenheck und eine Zweischeibenbremse im Vorderrad. Die zweifarbige Sitzbank wurde beibehalten; die US-Modelle wie das abgebildete Exemplar hatten seitliche Reflektoren an den Gleitrohren. Das Styling war leider etwas unausgegoren und so wurde die Chance vertan, einen weiteren Motorrad-Klassiker entstehen zu lassen. Alle Modelle waren jetzt mit dem Sekundärluftsystem ausgerüstet.

Die Mystic sollte noch mehr das klassische Motorrad verkörpern. Sie wies daher mehr Chromteile und eine geänderte Sitzbank auf. Sie wirkte dadurch etwas harmonischer als die normale R 100 R, aber der große Kraftstofftank erschien immer noch wie ein Fremdkörper. Auch wenn sie in vielen Punkten ihren Vorgängern deutlich überlegen war – die Ära der luftgekühlten Boxermotoren näherte sich 1995 ihrem Ende.

Die R 80 R wurde nicht in den USA angeboten und auch nur bis 1994 gebaut. Zur Unterscheidung der 1993er R 100 R (und R 80 R) von den Vorjahresmodellen prangten besonders große und auffällige „Boxer"-Schriftzüge seitlich am Tank der neuen Modelle in Türkisgrün-metallic. Hier blieben der Rahmen und das Rahmenheck auch weiterhin silberfarben, bei der schwarzen R 100 R waren diese Teile auch schwarz.

Zum Modelljahr 1994 erhielt die R 100 R eine Doppelscheibenbremse am Vorderrad und ein Sekundärluftsystem. Zusätzlich erschien das Modell „Mystic". Die Mystic sollte besonders die Liebhaber klassischer Motorräder ansprechen und ersetzte daher viele der Teile, die vorher in der Kritik standen. Neben einem besonderen Rot-metallic als Farbe waren bei diesen Modellen einige Komponenten verchromt: Scheinwerferhalter, Instrumenteneinfassung (mit neuer Kontrollleuchteneinheit) und die Blinkerhalter. Der Lenker war flacher, Sitzbank und Sitzbankende sowie Batterieabdeckungen waren neu gestaltet, der Rahmen schwarz lackiert und der Kennzeichenträger verkürzt. Außerdem verlief der Endschalldämpfer jetzt 3 cm enger am Motorrad entlang. Die R 80 R wurde mit dem Ende des Modelljahres 1994 eingestellt.

Die R 100 R und Mystic blieben auch 1995 und 1996 im Modellprogramm, wobei die R 100 R in der Bezeichnung noch den Zusatz „Classic" erhielt. Sie war nur noch in schwarz erhältlich und optisch etwas verändert: Sitzbank, Lampenhalter, Instrumentengehäuse und Beifahrerhaltegriff waren ebenfalls schwarz. Die Lenkerhebel hoben sich durch ihre Silberfarbe ab.

Das Konzept dieser klassisch anmutenden Modelle war äußerst erfolgreich, zumal unverkleidete Motorräder damals wieder im Kommen waren. Das geringe Gewicht und der Paralever verliehen den Maschinen ein spielerisches Handling. Mit der angemessenen Leistung und Zuverlässigkeit des bewährten A10-Boxermotors entstand daraus ein äußerst attraktives Motorrad. Natürlich waren sie Produkte eines konsequent genutzten Baukastensystems, und es fehlte ihnen der Charme der früheren R 100-Modelle (oder der späteren R 80), aber die R 80 R und R 100 R zählten zu den beliebtesten BMW-Motorrädern in den 1990er Jahren. In sechs Produktionsjahren entstanden 24.128 Exemplare des Typs R 80 R und R 100 R.

MASSE, GEWICHTE UND FAHRLEISTUNGEN DER R 100 R (1992 - 1996)

BREITE	719 MM
SITZHÖHE	800 MM
LÄNGE	2210 MM
HÖHE	1189 MM
RADSTAND	1494 MM
GEWICHT TROCKEN	196 KG
GEWICHT VOLLGETANKT (DIN)	218 KG
HÖCHSTGESCHWINDIGKEIT	179 KM/H

Kapitel 11

Die klassischen BMW-Boxer im Alltag

Natürlich sind auch die Spitzenmodelle wie diese R 90 S von 1976, die sich im Besitz des Autors befindet, unproblematische und zuverlässige Motorräder. Nostalgische und ästhetische Gründe waren ausschlaggebend für den Kauf dieser Maschine. Die gelungene Aufnahme verdeutlicht, warum die R 90 S mittlerweile Kultstatus erreichte und eine große Fangemeinde hat.

Wenige klassische Motorräder sind so alltagstauglich wie die luftgekühlten BMW-Boxer. Durch das große Fahrzeugangebot ist auch die Ersatzteillage gut, und diese Maschinen sind auch nach dem Erscheinen der Nachfolgegeneration immer noch eine interessante Alternative. Mit der BMW Group Classic ist herstellerseitig eine bemerkenswerte Ersatzteilversorgung für ältere Fahrzeuge gegeben, die sogar Restaurierungen in den ursprünglichen Originalzustand ermöglicht.

Zuverlässigkeit war nie ein Thema bei den luftgekühlten BMW-Boxern, deren Motor durch seine ständige Weiterentwicklung äußerst ausgereift ist. Bildlich gesprochen weigern sich die Motoren, kaputt zu gehen. Sie mögen nicht perfekt sein, aber es gibt nur wenige andere klassische Motorräder, die vergleichbare Fahrleistungen und eine ähnliche Vielseitigkeit bieten und auf die man sich auch auf langen Strecken bedenkenlos verlassen kann. Die nach 1969 erschienenen Motortypen M 04*, M 65* und A10 gehören nicht nur zu den langlebigsten Motorradmotoren, sondern haben auch eine große Schar treuer Anhänger. Wenn ein luftgekühlter Boxer wirklich einmal Probleme verursachen sollte, liegt die Ursache meist im Getriebe oder anderen Antriebskomponenten. Wie bereits beschrieben, wurde der Boxermotor während seiner über 27jährigen Bauzeit kontinuierlich weiterentwickelt, wobei sich das Entwicklungstempo nach 1984 merklich verlangsamte. Die unzähligen kleinen Verbesserungen machten die luftgekühlten Boxermodelle zu äußerst zuverlässigen Motorrädern. Da sich am grundlegenden Motoraufbau nichts änderte, können viele spätere Modifikationen nachgerüstet werden.

Man kann wohl davon ausgehen, dass ein großer Teil der mehr als 430.000 gebauten luftgekühlten Boxermodelle noch bewegt wird. Im Gegensatz zu anderen Motorrädern derselben Zeit ist kein luftgekühltes BMW-Motorrad zu selten, um damit zu fahren. Selbst Modelle mit anerkanntem Sammlerstatus wie die R 75/5, R 90 S, frühe R 100 RS und R 80 G/S, wurden in größeren Stückzahlen produ-

Eines der berühmtesten BMW-Motorräder mit luftgekühltem Boxermotor ist die Siegermaschine des Superbike-Rennens von Daytona 1976, die von Steve McLaughlin gefahren wurde. Das erheblich überarbeitete Motorrad hatte eine Cantilever-Schwinge mit Zentralfederbein und einen Motor mit verkürzten Zylindern, um die Schräglagenfreiheit zu erhöhen. Durch diese Maschine war mit dem trägen und langweiligen Image der BMW-Motorräder endgültig Schluss.
Bild: Bruce Armstrong

Es ist durchaus möglich, ein Boxermodell zu modifizieren und dabei das originale Erscheinungsbild beizubehalten. Dieses R 100 RS-Sondermodell „Rennsport 30" von 1992 weist eine Doppelzündung und ein Koni-Federbein auf, was erst auf den zweiten Blick erkennbar ist.

ziert. Alle Boxermodelle nach 1969 vermitteln nicht den Eindruck eines alten Motorrads. Sie wurden in erster Linie für das Tourenfahren entwickelt, boten serienmäßig oder über das Zubehörprogramm gute Mitnahmemöglichkeiten für das Gepäck, und mit jedem BMW Boxer konnte man komfortabel durch Länder und Kontinente reisen. Diese positiven Eigenschaften können durch einige sinnvolle Modifizierungen noch verbessert werden. Das kann im Verborgenen geschehen – ohne die klassische Optik des Motorrads zu beeinträchtigen.

Für die Wahl des Modells können praktische, finanzielle, ästhetische oder auch nostalgische Gründe den Ausschlag geben. In meinem Fall waren es die Erinnerungen an diese Motorräder aus den 70er Jahren, die zum Kauf einer R 90 S in Daytona-orange führten. Denn die R 90 S war nicht nur das erste Motorrad von BMW mit den Fahrleistungen eines damaligen Supersportlers, der Sieg beim Superbike-Lauf in Daytona 1976 ließ die Marke auch plötzlich in ganz anderem Licht erscheinen. Und die R 90 S war nicht nur fast so schnell wie eine Kawasaki Z1 mit 900 cm^3, sondern auch deutlich bequemer und handlicher. Sie hatte vielleicht nicht das Handling oder die Bremsen eines italienischen Sportmotorrads, setzte aber hinsichtlich der Zuverlässigkeit neue Maßstäbe.

Ich gestehe auch, dass ich Traditionalist bin, Speichenräder und runde Ventildeckel bevorzuge und lieber Komponenten aus Metall statt aus Kunststoff sehen möchte. Für mich ist die R 90 S die klassische moderne BMW, und in ihr vereinen sich die besten Eigenschaften des luftgekühlten Boxermotors. Natürlich vermitteln auch die anderen hubraumstärkeren Versionen ein ähnliches Fahrgefühl, wobei sich nach der Einstellung der /6-Baureihe die Qualität etwas verschlechterte. Die Farben und der gesamte Qualitätseindruck waren nicht mehr so beständig, und die Vorteile der Leichtmetallgussräder und der hinteren Scheibenbremse gegenüber den Drahtspeichenrädern und der Trommelbremse schienen nicht direkt erkennbar zu sein. Aber auch wenn die /5- und /6-Modelle aus einer Zeit stammen, die nicht nur von den Produktionskosten diktiert wurde, sind die neueren Modelle unkomplizierter zu handhaben und einfacher zu fahren.

Ab 1981 verbesserte sich zweifellos einiges, und die Modelle aus der Zeit von 1981 bis 1984 zählen vielleicht zu den Besten, trotz Unzulänglichkeiten hinsichtlich der hakeligen Schaltung, der Leichtmetallgussräder und der schwachen Leistung der US-Modelle.

Die Vielzahl der Modelle und die kontinuierlich erfolgte Weiterentwicklung machen es unmöglich, auf jede individuelle Schwachstelle der einzelnen Boxermodelle und eine eventuelle Abhilfemaßnahme einzugehen. Hier kann nur auf einige der bekannten Probleme und ihre Beseitigung eingegangen werden. In diesem Zusammenhang sei aber nochmals daran erinnert, dass im Vergleich zu manch anderen Motorrädern der Boxer mustergültig zuverlässig ist und viele Probleme erst nach sehr hoher Laufleistung auftreten oder durch unsachgemäße Behandlung und nachlässige Wartung verursacht werden. Schließlich kann diese Abhandlung auch nicht das Werkstatthandbuch ersetzen.

Motor

Die stärksten serienmäßigen Boxermotoren leisten konservative 70 PS und sind damit mechanisch noch nicht ausgereizt. Auch wenn der Wunsch nach mehr Leistung immer vorhanden ist, harmonieren die 67 und 70 PS starken Motoren der R 90 S und R 100 RS sehr gut mit dem Fahrwerk und ermöglichen akzeptable Fahrleistungen. Die große Baugleichheit der 750-, 800-, 900- und 1000-cm³-Modelle macht es sehr einfach, den Hubraum eines vor 1981 gebauten Motorrads zu erhöhen, indem man die Zylinder aufbohrt oder austauscht.

Nur wenige Motorräder konnten Anfang bis Mitte der 1970er Jahre der R 90 S oder den frühen R 100 S- bzw. R 100 RS-Modellen Paroli bieten. Sie zählten zur Königsklasse der Zweizylinder-Motorräder. Erst als die japanischen Hersteller gegen Ende der 1970er Jahre mit der Kawasaki Z1-R, der Sechszylinder-Honda CBX, der Yamaha XS1100 und der Suzuki GS1000 nachlegten, konnten die BMW nicht mehr mithalten. Auf dem US-Markt geriet BMW leistungsmäßig noch weiter ins Hintertreffen, als nach 1979 die Verdichtung der Motoren für den Betrieb mit bleiarmem oder bleifreiem Kraftstoff zurückgenommen werden musste. Ein Grund für die wachsende Anhängerschar der früheren Modelle mag deren höhere Leistung sein. Um das Leistungsniveau dieser Zeit wieder zu erreichen, ist der Einbau von höher verdichtenden Kolben und eventuell einer Doppelzündung erforderlich. Die sehr große Bohrung besonders des 1000-cm³-Motors begünstigt Klopferscheinungen durch Selbstentzündung. Eine zweite Zündkerze gegenüber der ursprünglichen, die gleichzeitig zündet, kann hier Abhilfe schaffen. Willkommene Nebenwirkungen einer Doppelzündung sind geringerer Kraftstoffverbrauch durch eine bessere Verbrennung und stabilerer Leerlauf. Der Einbau einer Doppelzündung ist relativ einfach zu bewerkstelligen, allerdings erfordern Modelle aus der Zeit vor 1981 eine elektronische Zündung mit speziellen Doppelfunkenspulen.

Gravierende Motorschäden sind selten, aber Haupt- oder Pleuellagerdefekte können vereinzelt auftreten. An Motoren vor 1976 rissen vereinzelt Schwungradschrauben ab, auch undichte Wellendichtringe am hinteren Kurbelwellenlager kommen bei frühen Modellen häufiger vor. Eingeschlagene Ventilsitze sind bei allen Motoren vor 1985 keine Seltenheit, besonders wenn mit bleifreiem Kraftstoff längere Zeit hohe Drehzahlen gefahren werden. Die ab 1981 verbauten gehärteten Ventilsitzringe waren nicht so standfest wie erwartet. Daher ist es sinnvoll, diese Sitzringe durch solche aus aktuellem Material auszutauschen. Die Serienventile bestanden aus zwei Teilen, dem Ventilschaft und dem Ventilteller, die durch eine Reibverschweißung miteinander verbunden wurden. Diese Verbindung hält nicht ewig, daher sollten die Ventile sicherheitshalber nach ca. 100.000 km ausgetauscht werden. Sinnvoll für Fahrzeuge nach 1976 ist der Einbau des Kipphebelsatzes der Modelle nach 1985, der die Ventilgeräusche deutlich reduziert. Auch die Zylinderköpfe der /5- und frühen /6-Modelle können damit umgerüstet werden, dafür sind aber neue Kipphebel, Kipphebelachsen, Nadellager und Kipphebelböcke erforderlich.

Kritische Stimmen wurden laut, als 1979 eine Simplexkette die Duplexkette für den Nockenwellenantrieb ersetzte – nicht zu Unrecht, wie sich später herausstellte. Schon nach nicht einmal 50.000 km konnten Steuerkettengeräusche auftreten, weil die Spannschiene des Steuerkettenspanners verschlissen war. Bei einigen Boxermodellen nach 1984 trat das schon nach 15.000 km auf. Später kam ein verbesserter Steuerkettenspanner aus Kunststoff zum Einsatz, den man auch nachrüsten kann. Ölverlust am Zylinderfuß wird meistens durch undichte Gummiabdichtungen der Stößelschutzrohre verursacht.

Vergaser

Zweifellos ist die Leistung der R 90 S den anderen Modellen wegen der Dell'Orto-Vergaser überlegen. Bauartbedingt reagieren diese Vergaser deutlich

Die von Butler & Smith 1976 vorbereiteten Daytona-Rennmaschinen hatten unter anderem 95-mm-Kolben, Doppelzündung, auf 40 mm aufgebohrte Dell'Orto-Vergaser – und damit fast 100 PS. Das komplette elektrische Startsystem und das Luftfiltergehäuse waren aus Gewichtsgründen nicht mehr vorhanden. Zusätzliche Streben, die von den vorderen Unterzügen zu den Schwingendrehpunkten verliefen, dienten der Versteifung des Rahmens.
Bild: Bruce Armstrong

Ein zusätzlicher Gabelstabilisator erhöht an frühen Modellen wie dieser R 90 S die Verwindungssteifigkeit der Teleskopgabel, ohne die klassische Optik wesentlich zu stören.

spontaner auf Änderungen der Gasdrehgriffstellung, erfordern aber eine sorgfältige Verlegung der beiden Gaszüge und eine regelmäßige Kontrolle der Gasschiebersynchronisation. Nach langer Laufzeit können die Kolbenschieber und/oder das Vergasergehäuse ausschlagen. Tunlichst vermeiden sollte man das „Schnalzen lassen" des Gasdrehgriffs, weil durch das harte Aufschlagen der Schieber auf die Leerlaufdrehzahleinstellschraube der Sitz einschlagen und das Einstellen erschweren kann. Die meisten Probleme an den Bing-Vergasern machen beschädigte Schiebermembranen oder überlaufende Schwimmerkammern.

Undichte Vergaser sind recht häufig, da die Gummispitzen der Schwimmerventile aushärten und nicht mehr richtig dicht schließen. Auch die Schwimmer können in ihrer Lagerung oder an der Schwimmerventilauflage ausschlagen, seltener auch mit Kraftstoff volllaufen. Falsche Schwimmerstände führen zu Leistungsmangel. Die Schwimmerkammerdichtungen altern ebenfalls und werden anfälliger für Beschädigungen, die Undichtigkeiten verursachen. Für Startschwierigkeiten ist meist eine verstopfte Startkraftstoffdüse verantwortlich. Sie befindet sich in der Schwimmerkammer und ist aufgrund ihrer tiefen Einbaulage anfällig für Verschmutzungen. Vibrationen und die Pulsationen der angesaugten Luftsäule lassen die Düsennadel und Nadeldüse verschleißen, der Kraftstoffverbrauch steigt. Die Nadeln aus Messing bei späteren Modellen sind hier anfälliger und sollten nach etwa 50.000 km ersetzt werden.

Auspuffanlage

Die Serienauspuffanlage sieht gut aus und ist gut auf den jeweiligen Motor abgestimmt, aber sie kann rosten. Wiederholter Kurzstreckenbetrieb erzeugt Kondenswasser im Schalldämpfer, und Rost an den Befestigungsstellen der innenliegenden Prallbleche mit der Außenhaut ist so vorprogrammiert. Schalldämpfer aus dem Zubehörmarkt sehen ähnlich aus, können allerdings kehliger klingen. Wesentlich haltbarer ist eine Auspuffanlage aus Edelstahl.

Im Verlauf der Rennsaison 1976 erhielten die von Butler & Smith vorbereiteten Rennmaschinen diese Frontpartie: zwei Metallbügel aus Vollmaterial zur Versteifung der Teleskopgabel und Lockheed-Bremssättel mit gegenüberliegenden Kolben anstelle der ATE-Sättel, die in Daytona eingebaut waren. Außerdem hatten diese Maschinen 18"-Felgen, da die Rennreifen nur in dieser Größe geliefert wurden. Bild: Bruce Armstrong

Kupplung, Getriebe, Hinterradantrieb

Zu den Hauptschwachpunkten der luftgekühlten Boxermodelle zählen Getriebe und Hinterradantrieb, die während der gesamten Bauzeit der Motorräder kontinuierlich weiterentwickelt wurden. Zerstörte Getriebewellenlager und Antriebswellen, Probleme mit dem fünften Gang und den Schaltgabeln können besonders bei Motorrädern von vor 1978 auftreten. Ein ausgefallener fünfter Gang ist häufig auf ein zerbröselndes vorderes Abtriebswellenlager zurückzuführen. Herausspringende Gänge werden durch eine fehlerhafte Schaltarretierung verursacht, hier können die auf der Kurvenscheibe ablaufende Rolle oder deren Feder gebrochen sein. Zum Austausch muss das Getriebe komplett zerlegt werden. Der Schaltmechanismus wurde über die Jahre permanent verbessert und manche Änderungen, wie etwa die geänderte Kurvenscheibe von 1985, können nachgerüstet werden. Findet sich beim Ölwechsel eine Öl-/Wasseremulsion im Getriebe, ist oft Wasser über eine fehlerhafte Tachowellenabdichtung eingetreten.

Besonders die vor 1981 gebauten Fahrzeuge verlangen eine genaue Einstellung des Kupplungsspiels, da sonst das Ausrücklager vorzeitig verschleißt.

An den Maschinen mit Zweiarmschwinge kann Verschleiß an der Mitnehmerverzahnung des Hinterrads auftreten, was eine aufwändige und teure Reparatur erfordert. Bei jedem Hinterradausbau sollte daher diese Verzahnung gereinigt und mit einem Hochdruckfett geschmiert werden. Bei den Modellen mit Monolever entfällt diese Verzahnung. Auch die Verzahnung für die Kupplungsscheibe auf der Getriebeantriebswelle kann verschleißen und die Kupplungsfunktion beeinträchtigen. Diese Stelle sollte bei einem Kupplungswechsel ebenfalls mit einem geeigneten Fett geschmiert werden.

Elektrische Anlage und Zündsystem

Die Elektrik ist bei allen Modellen weitgehend identisch und relativ einfach aufgebaut, hat aber auch ein paar neuralgische Punkte. Bei frühen Modellen war die Diodenplatte unter dem vorderen Motordeckel mit Silentblöcken befestigt, die sich im Lauf der Zeit auflösten, und das Batteriepluskabel konnte das Motorgehäuse berühren und einen Kurzschluss verursachen. Bei den R 100 RS-Modellen von 1979 bis 1984 kam es häufiger zu Schäden an der Diodenplatte, weil die geschlossene Verkleidung zu höheren Motortemperaturen führte. Auch die Batterielebensdauer ist ein Thema, das abgestellte Motorrad sollte man an ein Batteriefrischhaltegerät anschließen. Dafür kann man bei späteren Modellen die Zubehörsteckdose verwenden. Die Silentblöcke des Batteriehalters altern, die Gummis können einreißen, oder die einvulkanisierten Metallteile lösen sich ab.

Der Stromkreis der Ladekontrollleuchte muss intakt sein. Ist er es nicht, beginnt der Generator erst

Eine Schwachstelle an der serienmäßigen Vorderradaufhängung der Boxermodelle ist die aus gepresstem Stahlblech hergestellte obere Gabelbrücke. Die von Butler & Smith modifizierte R 90 S-Rennmaschine hatte hier ein Aluminiumbauteil, das aus dem Vollen herausgefräst worden war.

Eine Uhr und ein Voltmeter werden bei den unverkleideten Motorrädern gerne nachgerüstet.

Ein Vorteil der BMW-Motorräder gegenüber Maschinen anderer Herstellern ist die ausgezeichnete Verfügbarkeit von technischer Literatur, wie zum Beispiel Betriebsanleitungen oder Werkstatthandbücher. Das erleichtert wesentlich die Handhabung und Erhaltung älterer Motorräder.

bei 5000 min^{-1} zu laden. Nach höherer Laufleistung kann der angesammelte Abrieb der Generator-Kohlebürsten einen Kurzschluss verursachen. Daher sollten die Kohlebürsten regelmäßig gereinigt und nach ca. 70.000 km ausgetauscht werden. Der Generator erscheint vielleicht verglichen mit modernen Versionen schwach, aber seine Leistung war gemessen an anderen zeitgenössischen Motorrädern absolut ausreichend auch für zusätzliche elektrische Verbraucher. Probleme können auch die Spannungsregler verursachen: An mechanischen Reglern der frühen Modelle ist noch eine Reinigung der Reglerkontakte möglich. Spätere elektronische Regler müssen bei Störungen ersetzt werden.

An frühen Modellen versagt gelegentlich der Unterbrecherkontakt der Zündung wegen vernachlässigter Wartung oder Wassereintritt. Die vor 1979 verwendeten Fliehkraftversteller waren verschleißanfällig, was zu falschen Zündzeitpunkten führt: Die Verstellung erfolgt zu langsam, überschreitet den zulässigen Maximalwert, oder der Fliehkraftregler geht zu langsam in seine Ausgangslage zurück. Ein wichtiger Entwicklungsschritt war 1981 die Einführung der recht unproblematischen elektronischen Bosch-Zündung, deren Zündungsendstufe vereinzelt durch Überhitzung zerstört werden kann, weil sich die Wärmeleitpaste zwischen Endstufe und Montageauflage aufgelöst hat.

Für Modelle mit Unterbrecherkontakt gibt es etliche Umbauten auf eine elektronische Zündung von diversen Anbietern. Bei manchen, wie z. B. Newtronic, bleibt der mechanische Fliehkraftregler erhalten, andere Hersteller, wie z. B. Boyer-Brandsen, bieten vollelektronische Lösungen. Die serienmäßig verwendeten Zündkabel sind zwar qualitativ sehr hochwertig, aber die ständige Hitzeeinwirkung und Witterungseinflüsse können die Isolation zwischen dem Hochspannungskabel und der Metallabschirmung über den Zündkerzen beschädigen, was zu einem Kurzschluss und Zündaussetzern führt.

Rahmen

Da Entwicklungsleiter von der Marwitz dem /5-Rahmen eine „definierte Elastizität" verleihen wollte, litten die Boxermodelle immer unter einem etwas schwammigen Fahrverhalten. Verstärkt wurde das durch den angeschraubten Heckrahmen, die sehr einfach ausgeführte obere Gabelbrücke und die weich abgestimmte Radaufhängung mit langen Federwegen. Die Reifen von 1969 waren schmal, mit harter Gummimischung für möglichst hohe Laufleistungen, und die Entwicklung der /5-Baureihe war mehr auf Tourenfahren denn auf Sporteinsätze ausgerichtet. Steigende Motorleistung und haftfähigere Reifen verschoben die Ansprüche hin zum sportlichen Tourenfahren, aber die entsprechende Weiterentwicklung des Fahrwerks hielt sich in Grenzen. Zusätzliche Rahmenversteifungen brachten 1977 etwas Verbesserung, ein weiterer Schritt nach vorn war 1981 die Monolever-Schwinge. Die Boxermodelle ab 1984 – sowohl mit Monolever- als auch mit Paralever-Schwinge – haben das beste Handling, da nicht nur die Schwingen verwindungssteifer sind, sondern das Federbein sich direkt am Hauptrahmen und nicht am angeschraubten Rahmenheck abstützt. Mit den Marzocchi- bzw. Showa-Teleskopgabeln war 1992 das Fahrverhalten endlich zeitgemäß, aber es hatte auch über 20 Jahre dafür gebraucht.

Gleichwohl kann auch frühen Boxermodellen ohne teure Umbaumaßnahmen ein akzeptables Handling anerzogen werden – es muss ja nicht gleich eine Cantilever-Schwinge mit Zentralfederbein sein wie bei der 1976er R 90 S-Daytona-Rennmaschine von Butler & Smith. Gängige Umbaumaßnahmen an den Modellen von vor 1977 sind ein zusätzlicher Gabelstabilisator, der die beiden oberen Gleitrohrenden miteinander verbindet, und die Montage einer steiferen Schwinge. Eine verstärkte Schwinge war in den 80er Jahren beliebt zur Verbesserung des Fahr-

Mit Windscheibe, Zusatzscheinwerfern, Doppelscheibenbremse und Gepäckkoffern konnte die R 80/7 hinsichtlich der Tourentauglichkeit gegen die R 100 RT antreten.

verhalten der Boxermodelle, weiteren Stabilitätszuwachs bringt bei Maschinen mit Zweiarmschwinge ein verstärktes Rahmenheck.

Effektiv (und günstig) zur Verbesserung des Fahrverhaltens ist die korrekte Einstellung der Lenkkopf- und Schwingenlager. Alle BMW neigen bei zu stramm eingestelltem Lenkkopflager zum Pendeln. Die qualitativ hochwertigen Kegelrollenlager der Hinterradschwinge benötigen eine korrekte Vorspannung, damit die Schwinge das Rad richtig führen kann. Der Hauptständer kann bei allen Modellen Probleme machen. Er ist aus rundem Stahlrohr und etwas rostanfällig, die Drehzapfen der Modelle vor 1981 können verschleißen, sich lockern und das Gewinde in den Rahmenlaschen beschädigen. Die selbsttätig einklappenden Seitenständer waren immer etwas problematisch und nur schwer auszuklappen, wenn man auf dem Motorrad sitzt.

Radaufhängungen und Räder

Für komfortables Touren waren die weich abgestimmten Teleskopgabeln und Federbeine mit langen Federwegen hervorragend geeignet, kamen aber bei sportlicher Gangart schnell an ihre Grenzen. Beim Bremsen tauchte die Frontpartie sehr stark ein, die Federung war viel zu weich und führte zu Schaukelbewegungen. Begünstigt wurde das noch durch eine zu schwache Dämpfung besonders an den hinteren Federbeinen, so dass einer forschen Fahrweise schnell Grenzen gesetzt wurden.

Die erste Maßnahme zur Verbesserung der Teleskopgabelfunktion ist der Einbau von Gabelfedern aus dem Zubehörmarkt. Bevorzugt sollten solche mit progressiver Kennlinie gewählt werden, die das Durchschlagen weitgehend verhindern und das Eintauchen beim Bremsen verringern.

Ebenfalls gegen Eintauchen wirken können zusätzlich am unteren Ende des Gleitrohrs eingesetzte Federn, oder die Erhöhung des Ölstands. Das serienmäßig eingefüllte Gabelöl der Viskosität SAE 5 schien zu dünn, Gabelöl der Viskosität SAE 10 verschlechterte das Ansprechverhalten. Einen guten Kompromiss stellt die Verwendung von selbst gemischtem Öl mit der Viskosität SAE 7,5 dar. Leckende Gabeldichtringe traten an Boxermodellen vor 1985 mit ungeschützten Standrohren öfters auf, da Schmutz und Insekten auf den Gleitflächen haften blieben und die Dichtringe beschädigten. Die Faltenbälge der /5 und /6 können hier vorbeugen.

Die Vorderradgabel war nicht nur zu weich abgestimmt, die nur 36 mm dicken Standrohre und die obere Gabelbrücke aus Stahlblech waren nicht gerade überdimensioniert. Für kleines Geld kann an den Standrohren nur wenig geändert werden, aber eine Zubehör-Gabelbrücke aus Edelstahl oder Aluminium verbessert definitiv die Steifigkeit der Frontpartie. Auch üblich, aber weniger wirksam ist der Einbau eines zusätzlichen Gabelstabilisators über dem vorderen Kotflügel.

Auch die serienmäßigen Boge-Federbeine hatten zu weiche Federn und eine schwache Dämpfung, aber hier ist einfache Abhilfe möglich. Zwar werden die bewährten Koni-Federbeine 7610P nicht mehr produziert, aber es gibt ein breites Angebot an Federbeinen für die Modelle mit Zweiarmschwinge – darunter Federbeine mit hervorragenden Eigenschaften, die wie die originalen Boge-Ausführungen aussehen. Die Radlager können ebenfalls Probleme verursachen, wenn sie nicht korrekt eingestellt sind.

Bremsen

Eine Schwäche der frühen Modelle, besonders vor 1981, war das Bremssystem. BMW hielt bei den /5-Modelle an einer Vorderrad-Trommelbremse fest, als andere Hersteller schon lange keine mehr verwendeten. Als endlich die Scheibenbremse eingeführt wurde, war ihre Funktion nicht gerade berauschend und mit der kleinen Bremsscheibe aus Edelstahl den Scheibenbremsen der anderen europäischen Hersteller unterlegen. Der ATE-Schwingsattel und der Hauptbremszylinder unter dem Tank machten es nicht besser. Die Drehzapfen der Schwingsättel waren korrosionsanfällig, der Seilzug zur Betätigung des Hauptbremszylinders längte sich und erforderte regelmäßiges Nachstellen. Die Einführung der Doppelscheibenbremse an der R 90 S verbesserte die Bremswirkung etwas, besonders in der späteren Version mit gelochten Bremsscheiben und größeren Bremskolben. Aber sie war den besseren italienischen Systemen weiterhin unterlegen.

Ein großer Schritt nach vorn war 1981 der Einsatz von Brembo-Bremssatteln am Vorderrad. Zusätzliche Verbesserung brachte die Verlegung des Hauptbremszylinders an den Lenker, aber der Bremsscheibendurchmesser blieb noch relativ klein. Bremsbeläge mit anderen Reibwerten können die Bremswirkung erhöhen, verschleißen aber dann die Bremsscheiben überdurchschnittlich. Häufig ist der Einbau von Stahlflexleitungen, die einen besseren Druckpunkt erzielen. Ein Vorteil der nach 1984 gebauten Motorräder ist deren hervorragendes Bremssystem, das besonders bei den R 100 R-Modellen ausgezeichnet funktionierte.

Verschiedenes

Zubehör hatte bei BMW im Gegensatz zu anderen Herstellern schon immer einen großen Stellenwert, und schon für die ersten /5-Modelle von 1969 gab es ein umfangreiches Angebot. Die meisten dieser Artikel waren von hervorragender Qualität, besonders das Gepäcksystem. Krauser lieferte die Koffer, die an einem Denfeld-Gepäckträger aus Stahlrohr befestigt werden konnten, und mit diesem System setzt BMW in den 1970er Jahren Maßstäbe im Motorradmarkt. Natürlich waren sie nicht perfekt, ihre Form schränkte das Stauvermögen etwas ein, und gelegentlich sprangen die Kofferdeckel beim Fahren auf. Aber sie hatten bereits einen universalen Krauser-Schlüssel, was damals noch kein anderer Kofferhersteller anbot. Ab Januar 1983 führte BMW größere Krauser-Koffer mit verbesserten Schlössern und individuellen Schlüsseln ein. Die parallel angebotenen rechtwinkligen BMW-Koffer aus der gleichen Zeit stellten weniger zufrieden. Manchmal brachen sie aus den Halterungen heraus, mit fatalen Folgen bei hohen Geschwindigkeiten. Die meisten Probleme waren mit Einführung der Koffer für die K-Baureihe abgestellt. Sie waren groß und solide und hatten gute (wenn auch etwas fummelige) Schlösser. Auch andere Hersteller boten lange Zeit Koffersysteme an, manche waren sogar den Originalteilen überlegen.

Außer Gepäckkoffern gab es noch viel weiteres Original-Zubehör, das meiste wurde schon beschrieben. Am beliebtesten waren Zusatzscheinwerfer und -instrumente. Andere Anbieter auf dem Zubehörmarkt füllten Lücken, die das Werk nicht bedienen konnte, wie zum Beispiel bequemere Sitzbänke oder eine höhere Verkleidungsscheibe für die R 100 RS. Ein luftgekühltes Boxermodell konnte an alle Bedürfnisse angepasst werden.

Diese Motorräder sollen gefahren werden und dabei ihrem Besitzer Freude bereiten – und ihn nicht mit Komplexität und High-Tech verunsichern.